FORSCHUNGSBERICHTE DES LANDES NORDRHEIN-WESTFALEN

Nr. 2094

Herausgegeben im Auftrage des Ministerpräsidenten Heinz Kühn
von Staatssekretär Professor Dr. h. c. Dr. E. h. Leo Brandt

DK 621.313.207.73:621.9
62-501.22

Prof. Dr.-Ing. Dres. h. c. Herwart Opitz
Dr.-Ing. Walter Hofmann

Laboratorium für Werkzeugmaschinen und Betriebslehre
der Rhein.-Westf. Techn. Hochschule Aachen

Untersuchungen über das dynamische Verhalten
neuartiger Gleichstromvorschubantriebe
für Werkzeugmaschinen

Springer Fachmedien Wiesbaden GmbH 1970

ISBN 978-3-663-19936-6   ISBN 978-3-663-20281-3 (eBook)
DOI 10.1007/978-3-663-20281-3

Verlags-Nr. 012094

©1970 by Springer Fachmedien Wiesbaden
Ursprünglich erschienen bei Westdeutscher Verlag GmbH, Köln und Opladen 1970.

Inhalt

1. Einleitung 5

2. Leistungsbetrachtung für Vorschubantriebe 5
   2.1 Mechanische Kenngrößen eines Vorschubantriebes 5
   2.2 Leistungsbeziehungen beim Einsatz von Gleichstrommotoren als Stellglieder 7

3. Leistungsverstärker zur Ansteuerung von Gleichstromnebenschlußmotoren .. 9
   3.1 Modulierbare, schaltende Verstärker 10
   3.2 Gleichspannungsleistungsverstärker 14

4. Aufbau und Kenngrößen eines Vorschubregelkreises 15

5. Einflüsse von Nichtlinearitäten 17
   5.1 Einflüsse von Begrenzungen 18
   5.2 Einflüsse von Totzonen 19
   5.3 Einflüsse von Reibung 20

6. Untersuchung eines Vorschubantriebs mit Gleichstromnebenschlußmotoren .. 24
   6.1 Untersuchung des offenen Kreises 24
   6.2 Untersuchung des geschlossenen Kreises 25
   6.3 Positioniergenauigkeit 26
   6.4 Eigenschaften des Regelkreises bei kleinen Verfahrgeschwindigkeiten 27
   6.5 Folgerungen 28

7. Zusammenfassung 28

8. Literaturverzeichnis 29

Anhang 30

1. Einleitung

Bei Vorschubantrieben numerisch gesteuerter Werkzeugmaschinen hängt die Wahl des bestgeeigneten Antriebsmotors von einer Vielzahl von Parametern ab. Während die Vorschubantriebe von Punktsteuerungen noch als Abschaltkreise mit Asynchronmotoren aufgebaut werden können, kommen bei Strecken- und Bahnsteuerungen ausschließlich die in ihrer Drehzahl steuerbaren Stellelemente Schrittmotor, Gleichstromnebenschlußmotor und Hydraulikmotor in Betracht.

Um wirtschaftlich vertretbare Fertigungsbedingungen einzuhalten, müssen die Vorschubantriebe vorgegebenen Sollwerten schnell folgen. Die Folgefehler sollen dabei möglichst gering sein, andererseits darf jedoch beim Beschleunigen oder Abbremsen des Antriebs kein Überschwingen auftreten. Von Stellmotoren muß weiterhin ein sehr großer Drehzahlbereich von etwa $1:10^3$ gefordert werden, damit alle, je nach Bearbeitungsfall erforderlichen Vorschubgeschwindigkeiten erzielt werden können, und um ohne Umschaltung des Untersetzungsgetriebes die im Eilgang üblichen Verfahrgeschwindigkeiten zu erreichen.

Die Entwicklung von Gleichstrommotoren mit extrem niedrigem Rotorträgheitsmoment und hohem Beschleunigungsvermögen gestattet den Aufbau von Vorschubantrieben mit gleich guten dynamischen Eigenschaften wie sie seither nur mit hydraulischen Antrieben erreichbar waren. Für die Speisung von Gleichstrommotoren können neben dem bewährten Leonardgenerator und neben Gleich-Wechselrichteranlagen mit Thyristoren auch transistorisierte Gleichspannungs-Leistungsverstärker eingesetzt werden. Die Ansteuerung von Gleichstrommotoren durch Gleichspannungsverstärker erfolgt verzögerungsfrei, sie bieten daher den Vorteil, die Dynamik der Stellmotoren voll zu nutzen.

2. Leistungsbetrachtung für Vorschubantriebe

2.1 Mechanische Kenngrößen eines Vorschubantriebes

Bei Werkzeugmaschinen mit einfachen Punktsteuerungen ist es möglich, Asynchronmotoren in Abschaltkreisen als Stellglieder zu verwenden. Für die Vorschubantriebe von strecken- und bahngesteuerten Werkzeugmaschinen kommen dagegen ausschließlich in ihrer Drehzahl steuerbare Gleichstrommotoren, Schrittmotoren und Hydraulikmotoren in Betracht.

Für die Verwendung dieser Motoren als Vorschubantriebe sind

    das Anlaufmoment M_0
    das Gesamtträgheitsmoment J
    die Leerlauf- bzw. Maximaldrehzahl n_0
    und die maximale Winkelbeschleunigung $\dfrac{d\omega}{dt}$

von besonderer Bedeutung.

Bei elektrischen Stellmotoren muß weiterhin die zulässige Verlustleistung berücksichtigt werden. Diese Größen sind abhängig von der Konstruktion der Motoren und lassen sich nicht beliebig variieren.

Die Abb. 1 zeigt schematisch den Aufbau eines Vorschubantriebes über ein Untersetzungsgetriebe, Spindel und Mutter (die Abb. stehen im Anhang ab S. 30).

Für eine überschlägige Berechnung der erforderlichen Antriebsleistung des Stellmotors sind vor allem die Zeitkonstante, mit der die Massen aller Übertragungselemente einschließlich Schlitten auf eine bestimmte Endgeschwindigkeit beschleunigt werden sollen, sowie die bei jedem Antrieb stets vorhandene Reibbelastung maßgebend.

Die Masse des Tisches kann in ein äquivalentes Trägheitsmoment nach

$$J_{ä} = \frac{m h^2}{4 \pi^2} \tag{1}$$

umgerechnet werden. Dazu dient das Nomogramm Abb. 2, das eine schnelle Ermittlung des Trägheitsmomentes aus Tischgewicht und Spindelsteigung gestattet. Das gesamte, den Motor belastende Trägheitsmoment setzt sich zusammen aus dem Rotorträgheitsmoment des Motors, dem Trägheitsmoment des Ritzels sowie den mit dem Quadrat des Übersetzungsverhältnisses reduzierten Trägheitsmomenten von Spindel mit zweitem Rad und dem äquivalenten Trägheitsmoment des Tisches.

$$J_{ges} = J_M + J_1 + i^2 J_1 + \frac{1}{i^2}\left(J_s + \frac{m h^2}{4 \pi^2}\right) \tag{2}$$

Unter der Annahme, daß sich beim Beschleunigen des Tisches die Vorschubgeschwindigkeit exponentiell mit der Zeitkonstante T_2 ändert

$$\dot{X} = \dot{X}_{max}\left(1 - e^{-\frac{t}{T_2}}\right) \tag{3}$$

ergibt sich nach einer Umrechnung für das erforderliche Motordrehmoment M_M unter Berücksichtigung des am Motor angreifenden Reibmomentes M_R

$$M_M(t) = \frac{2\pi i \dot{X}_{max} J_{ges}}{h T_2} e^{-\frac{t}{T_2}} + \frac{1}{i} M_R \tag{4}$$

Das Verlustreibmoment wird vor allem durch die Vorspannung der Spindellagerung und der Spindelmutter verursacht. Handelt es sich bei den Führungsbahnen um Gleit- oder Rollenführungen, so soll ihr Anteil an der Gesamttreibung ebenfalls in M_R berücksichtigt sein. Die Zeitkonstante des Beschleunigungsvorganges ergibt sich in diesem Falle aus Gl. (4) zu

$$T_{2min} = \frac{2\pi i \dot{X}_{max}}{h} \cdot \frac{J_{ges}}{M_0 - \frac{1}{i} M_R} \tag{5}$$

Bei geforderter maximaler Verfahrgeschwindigkeit und bei gegebenen Daten der mechanischen Übertragungselemente hängt die Zeitkonstante T_2 nur noch von dem abgebbaren Maximalmoment M_0 des Stellmotors und dem Verlustreibmoment M_R ab. Gl. (4) gestattet somit eine erste Abschätzung des erforderlichen Drehmomentes, das der Stellmotor abzugeben in der Lage sein muß. Für die Maximaldrehzahl des Stellmotors ergibt sich aus Gl. (3)

$$n_0 = \frac{i}{b} \dot{X}_{max} \qquad (6)$$

Die Gl. (3, 4) erlauben weiterhin die Berechnung des zeitlichen Verlaufs der vom Motor abzugebenden Leistung

$$N_M(t) = \frac{J_{ges}}{T_2} \left(\frac{2\pi i \dot{X}_{max}}{b}\right)^2 \cdot \left(e^{-\frac{t}{T_2}} - e^{-\frac{2t}{T_2}}\right) + M_R \frac{2\pi \dot{X}_{max}}{b} \left(1 - e^{-\frac{t}{T_2}}\right) \qquad (7)$$

Beim Beschleunigen mit minimaler Zeitkonstante ergibt sich aus Gl. (7) zusammen mit Gl. (5) und unter Berücksichtigung des Maximalwertes der Zeitfunktion für die Maximalleistung N_{max} des Stellmotors

$$N_{max} = \frac{\pi i \dot{X}_{max} M_0}{2b} \left(1 + \frac{1}{i} \frac{M_R}{M_0}\right) \qquad (8)$$

Für die reine Massenbeschleunigung muß der Stellmotor die Leistung

$$N_J = \frac{\pi i \dot{X}_{max}}{2b} M_0 \qquad (9)$$

abgeben können. Bei zusätzlicher Reibbelastung erhöht sich die Maximalleistung des Stellmotors entsprechend Gl. (8).
Die Größe des auf die Motorwelle reduzierten, zulässigen Reibmomentes hängt von den Anforderungen an Genauigkeit und Dynamik des Vorschubantriebes ab.
Die Beschleunigung des Maschinentisches ist neben dem Maximalmoment des Stellmotors noch eine Funktion der Spindelsteigung und des Übersetzungsverhältnisses des Getriebes. Während das am Motor wirksame Verlustreibmoment umgekehrt proportional dem Getriebeübersetzungsverhältnis ist, verringern sich die auf die Motorwelle reduzierten Trägheitsmomente von Spindel und Tisch mit dem Quadrat der Übersetzung. Eine Optimierung des Übersetzungsverhältnisses bezüglich einer Anpassung des Lastträgheitsmomentes an das Motorträgheitsmoment wurde, auch für mehrstufige Getriebe, bereits durchgeführt [1]. Bei Berücksichtigung des Reibmomentes ist eine eindeutige Optimierung des Übersetzungsverhältnisses nicht mehr möglich.
Ein Verfahren zur Bestimmung der angenäherten optimalen Getriebeübersetzung wird von [2] angegeben.

2.2 Leistungsbeziehungen beim Einsatz von Gleichstrommotoren als Stellglieder

Die abgeleiteten Beziehungen für erforderliche Leistung, Drehzahl und Drehmoment bei bekannten Anforderungen und gegebener Auslegung der mechanischen Übertragungselemente sind allgemein für jeden Stellmotor gültig. Im folgenden sollen die Verhältnisse bei Verwendung von Gleichstromnebenschlußmotoren untersucht werden.
Zu Beginn des Beschleunigungsvorganges fließt durch den Gleichstrommotor ein mit der Zeit exponentiell abnehmender Ankerstrom, der unter Vernachlässigung der Ankerrückwirkung dem Drehmoment M_M proportional ist.

$$i_A(t) = \frac{U_0}{R_A} e^{-\frac{t}{T_2}} \qquad (10)$$

Die von dem Motor aufgenommene elektrische Leistung N_{el} ist gleich dem Produkt von Ankerspannung und Ankerstrom

$$N_{el} = \frac{U_0^2}{R_A} e^{-\frac{t}{T_2}} \tag{11}$$

Daraus ergibt sich unter Berücksichtigung der Abhängigkeit der Motordrehzahl von der Spannung für den Wirkungsgrad

$$\eta = 1 - e^{-\frac{t}{T_2}} \tag{12}$$

Aus der Beziehung für den Ankerstrom Gl. 10 läßt sich die im Motor entwickelte Verlustleistung N_v ermitteln; man erhält

$$N_v = \frac{U_0^2}{R_A} e^{-\frac{2t}{T_2}} \tag{13}$$

Die Zusammenhänge zwischen dem zeitlichen Verlauf von Drehzahl und Drehmoment einerseits sowie zwischen abgegebener bzw. aufgenommener Leistung und Wirkungsgrad andererseits lassen sich gut in dem Kennlinienfeld einer Gleichstrommaschine darstellen (Abb. 3). Auf der Abszisse sind das auf das Kurzschlußmoment M_0 bezogene Drehmoment M, auf der Ordinate die auf die Leerlaufdrehzahl n_0 bezogene Drehzahl n und der Wirkungsgrad sowie die abgegebene Leistung und die Verlustleistung aufgetragen.

Parameter ist für jeden Kurvenzug die auf die Zeitkonstante T_2 bezogene Zeit. Die Leistungen N und N_v sind ebenfalls auf die Maximalleistung $N_0 = 2\pi n_0 M_0$ bezogen.

Für die von dem Motor abgegebene, mechanische Leistung erhält man dann

$$\frac{N}{N_0} = \frac{n}{n_0} \cdot \frac{M}{M_0} \tag{14}$$

Daraus ergibt sich nach einigen Umformungen für die bezogene Verlustleistung

$$\frac{N_v}{N_0} = \frac{M}{M_0} \left(1 - \frac{n}{n_0}\right) \tag{15}$$

Für den Wirkungsgrad erhält man

$$\eta = \frac{n}{n_0} \tag{16}$$

Obwohl der Motor bei einem Beschleunigungsvorgang nur ein Viertel der Maximalleistung abgibt, muß der steuernde Leistungsverstärker dennoch die volle Leistung abgeben können. Für die Ausgangsleistung des Verstärkers, die sich aus Verlustleistung und mechanisch abgegebener Leistung zusammensetzt, gilt

$$\frac{N_{ges}}{N_0} = \frac{M}{M_0} \tag{17}$$

Um die Dynamik der heute verfügbaren Gleichstrommotoren voll auszunutzen, muß daher die Auslegung der Leistungsverstärker besonders beachtet werden.

3. Leistungsverstärker zur Ansteuerung von Gleichstrommotoren

Die Dynamik eines Folgesystems wird durch die Eigenschaften des Leistungsverstärkers wesentlich beeinflußt. Die Ausgangsleistung des Verstärkers muß, wie gezeigt, der Maximalleistung N_0 des Stellmotors entsprechen. Es ist offensichtlich, daß bei einer begrenzten Leistungsabgabe des Verstärkers die Dynamik des gesamten Regelkreises schlechter wird. Gleichzeitig muß gefordert werden, daß die Zeitkonstanten, die das dynamische Verhalten des Verstärkers bestimmen, möglichst um mehrere Größenordnungen kleiner sind, als die mechanische Zeitkonstante des Stellmotors. Weiterhin ist es erforderlich, daß der Zusammenhang zwischen Ein- und Ausgangsgrößen des Verstärkers in möglichst weiten Grenzen linear ist. Für ein schnelles Abbremsen oder Umsteuern des Antriebs sollte der Verstärker eine Energierücknahme ermöglichen.

Je nach erforderlicher Ausgangsleistung und Dynamik kommen für den Einsatz in Regelkreisen vier verschiedene Verstärkertypen in Betracht:

1. Maschinenverstärker (Leonard-Antrieb)
2. Gleich-Wechselrichteranlagen mit Thyristoren
3. modulierbare Schaltverstärker mit Transistoren oder Thyristoren
4. stetig arbeitende Gleichspannungsverstärker mit Tranristoren

Der in der Vergangenheit am häufigsten eingesetzte und wegen seiner Zuverlässigkeit und Robustheit geschätzte Verstärker ist der Leonardgenerator. Sein Einsatz bei Folgesystemen hoher Dynamik ist jedoch mit großem Aufwand verbunden. Die Ankerspannung läßt sich zwar über die Erregung der Generatormaschine bis zur Sättigungsmagnetisierung des Eisens stetig variieren, folgt jedoch der Erregerspannung nur verzögert. Für die Berechnung kann der Leonardgenerator als Verzögerungsglied 1. Ordnung mit der Zeitkonstanten $T_e = L_e/R_e$ angesehen werden. Durch die hohe Induktivität der Erregerwicklung liegt die Zeitkonstante T_e im Normalfalle zwei Größenordnungen über der mechanischen Zeitkonstanten des Motors und würde für das dynamische Verhalten des ganzen Regelkreises bestimmend sein. Durch Schnellerregung des Generators kann die Zeitkonstante der Erregerwicklung jedoch stets verringert werden. Das Zeitverhalten des gesamten Antriebs kann durch Verwendung eines PD-Reglers weiter verbessert werden. Bei optimaler Auslegung können mit Leonardantrieben beim Umsteuern von $+1000$ U/min auf -1000 U/min Reversierzeiten von 25 ms erreicht werden [3].

An Stelle von Maschinenumformern können auch Gleich-Wechselrichter mit Thyristoren zur Ankerspannungsregelung von Gleichstrommotoren eingesetzt werden. Die Abb. 4 zeigt einen Regelkreis mit einpulsiger Ankerspannungsregelung.

Für jede Drehrichtung ist hier ein Stromtor erforderlich, das von dem Regler entsprechend angesteuert wird. In jedem Falle wirkt der gezündete Thyristor für den Motor wie eine Einweg-Gleichrichterschaltung, die mit erheblichen Nachteilen gegenüber dem Betrieb mit Leonardgenerator behaftet ist. So kann der Motor wegen des ungünstigen Verhältnisses von Effektivwert zu Mittelwert des Ankerstromes nicht mit Nennmoment belastet werden. Außerdem führt die verbleibende Welligkeit des Ankerstromes zu unrundem Lauf des Motors bei kleinen Drehzahlen. Die Hochlaufzeit des Motors wird durch die statische Totzeit wesentlich erhöht. Unvorteilhaft ist weiterhin, daß mit der dargestellten Anordnung keine Energierücknahme, d. h. keine Nutzbremsung möglich ist. Beim Reversieren des Antriebes fällt die gesamte in den beschleunigten Massen gespeicherte kinematische Energie als Verlustwärme im Ankerkreis an. Mit erreichbaren Reversierzeiten von 50 bis 100 ms [4, 5] werden einpulsige Thyristorsätze für Antriebe eingesetzt, bei denen die Anforderungen an die Dynamik nicht sehr groß sind.

Die Nachteile der einpulsigen, gesteuerten Gleichrichtung können bei einer dreiphasigen Ankerspannungsregelung mit Thyristoren vermieden werden. Man erreicht dabei eine Verkürzung der statistischen Totzeit auf 3,3 ms. Nachteilig wirkt sich bei dieser Anordnung das Auftreten von Kreisströmen aus, die man durch Glättungsdrosseln zu unterbinden versucht. Das Zwischenschalten von Drosseln verschlechtert jedoch wieder die Dynamik des Leistungsverstärkers. Die Kreisstromdrosseln können wesentlich kleiner dimensioniert sein, wenn der Gleich-Wechselrichter mit einer Wechselspannung von 400 Hz gespeist wird. Derartige Antriebe wurden bereits mit gutem Erfolg eingesetzt, jedoch ist der Aufwand dafür sehr hoch [6]. In jedem Falle erfordern die Auslegung des Reglers und der Aufbau der Steuersätze beträchtlichen technischen Aufwand.

3.1 Modulierbare, schaltende Verstärker

Wegen ihres einfachen Aufbaus werden modulierbare Schaltverstärker insbesondere bei der Ansteuerung von Motoren kleiner Leistung häufig eingesetzt. Der Vorteil des Verfahrens liegt darin, daß keine stetig arbeitenden, sondern schaltende Elemente für den Aufbau der Verstärker verwendet werden können.

Beim Aufbau impulsbreitenmodulierter Verstärker müssen bei der Wahl der Schaltfrequenz die mechanischen und elektrischen Kenngrößen des Antriebsmotors berücksichtigt werden. So stellt sich die Frage nach der geeigneten Periodendauer der Taktschwingung bei einer noch zulässigen maximalen Oszillation der Motorwelle. Ebenso muß die im Anker auftretende Verlustleistung beachtet werden. Im folgenden soll ein Näherungsverfahren zur Bestimmung der Taktfrequenz und der Verlustleistung gegeben werden.

Bei der Betrachtung derartiger Antriebe soll vom Ersatzbild des Gleichstrommotors Abb. 5 ausgegangen werden.

Von den Grundgleichungen für die Gleichstrommaschine erhält man nach Einführen der elektrischen Zeitkonstanten $T_1 = L_a/R_a$ und der mechanischen Zeitkonstanten $T_2 = JR_a/(K_2\Phi)^2$ die beiden Differentialgleichungen

$$T_1 \dot{i} + i + \frac{K_1\Phi}{R_A} n = \frac{u}{R_A} \tag{18}$$

$$T_1 T_2 \ddot{n} + T_2 \dot{n} + n = \frac{u}{K_1\Phi} \tag{19}$$

Die beiden Gleichungen können auf die Maximaldrehzahl des Motors $n_0 = \frac{\hat{u}}{K_1\Phi}$ und auf den Kurzschlußstrom $i_0 = \hat{u}/R_a$ normiert werden. Mit den normierten Größen

$$\bar{i} = \frac{i}{i_0} \,;\; \bar{n} = \frac{n}{n_0} \,;\; \bar{u} = \frac{u}{\hat{u}} \tag{20}$$

erhält man dann das Differentialgleichungssystem

$$T_1 \dot{\bar{i}} + \bar{i} + \bar{n} = \bar{u}$$
$$T_1 T_2 \ddot{\bar{n}} + T_2 \dot{\bar{n}} + \bar{n} = \bar{u} \tag{21}$$

Nimmt man entsprechend Abb. 6 für die bezogene Spannung $\bar{u}$ einen rechteckförmigen Verlauf an, dann erhält man für den Mittelwert der Spannung als Funktion des Tastverhältnisses $v = t^*/T$

$$\bar{u}_m = \bar{u}(2v - 1) \tag{22}$$

Der zeitliche Verlauf des Ankerstromes wird von der elektrischen Zeitkonstanten T_1 bestimmt. Die Abbildung zeigt den Stromaufbau für verschiedene Verhältnisse der Zeitkonstanten T_1 zur Periodendauer T unter der Voraussetzung, daß sich der Anker des Motors nicht bewegt, d. h. daß keine Gegenspannung induziert wird. Im eingeschwungenen Zustand erhält man für den Strom

$$\frac{\bar{i}(t)}{\bar{u}} = \begin{cases} 1 - e^{-\frac{t}{T_1}}\left[1 - 2\left(e^{+\frac{t^*-T}{T_1}} - 1\right)\sum_{m=1}^{n} e^{\frac{mT}{T_1}}\right] & nT \leq t \leq nT + t^* \\ -1 + e^{-\frac{t}{T_1}}\left[1 + 2\left(e^{\frac{t^*}{T_1}} - 1\right)\sum_{m=1}^{n+1} e^{\frac{(m-1)T}{T_1}}\right] & nT + t^* \leq t \leq (n+1)T \end{cases} \tag{23}$$

Für den arithmetischen Mittelwert des Ankerstromes $\bar{i}_m$ ergibt sich, unabhängig von der Zeitkonstanten des Stromaufbaues wieder

$$\bar{i}_m = \bar{i}(2v - 1) \tag{24}$$

Die in der Ankerwicklung erzeugte Verlustleistung ist dem Quadrat des Stromes proportional. Bezieht man die Verlustleistung auf die im Kurzschluß auftretende Leistung, so erhält man

$$\overline{N}_v = \bar{i}^2 \tag{25}$$

Den zeitlichen Verlauf der Verlustleistung zeigt Abb. 7. Für eine zahlenmäßige Abschätzung der Verlustleistung sind die Gl. (23) wenig geeignet.
Unter der Annahme, daß sich elektrische und mechanische Zeitkonstanten des Motors um eine Größenordnung unterscheiden, eine Voraussetzung, die praktisch für alle Gleichstrommotoren zutrifft, kann die Periodendauer der Schaltfrequenz ebenfalls um ein Vielfaches größer als die elektrische Zeitkonstante gewählt werden. Für den Ankerstrom folgt daraus, daß nach einer halben Periode jeweils der stationäre Endwert annähernd erreicht wird. An Stelle von Gl. (23) erhält man dann die einfacheren Beziehungen

$$\frac{\bar{i}(t)}{\bar{u}} = \begin{cases} 1 - 2e^{-\frac{t}{T_1}} & 0 \leq t \leq t^* \\ -1 + 2e^{-\frac{t-t^*}{T_1}} & t^* \leq t \leq T \end{cases} \tag{26}$$

Für den Mittelwert der Verlustleistung $\overline{N}_{vm}$ erhält man dann aus Gl. (35) mit den vereinfachten Beziehungen für den Ankerstrom nach Gl. (26)

$$\overline{N}_{vm} = \bar{u}^2\left[1 - 4\frac{T_1}{T}\left(1 - e^{-\frac{T}{2T_1}}\right)^2\right] \tag{27}$$

oder angenähert

$$\overline{N}_{vm} \approx \bar{u}^2\left(1 - 4\frac{T_1}{T}\right) \qquad \frac{T_1}{T} < 0{,}2 \tag{28}$$

Die abgeleiteten Näherungen treffen nur für ein Tastverhältnis von $v = 0{,}5$ zu. Es wurde dabei weiterhin angenommen, daß die Periodendauer der Rechteckschwingung hinreichend klein ist, so daß der Anker des Motors sich nicht bewegt. Eine angenäherte Bestimmung dieser Periodendauer kann aus der Bewegungsgleichung des Motors Gl. (21) erfolgen.

Für die Drehzahl erhält man

$$\bar{n} = \bar{u}\left(1 + \frac{\overline{T_1}}{\overline{T_2} - \overline{T_1}} e^{-\frac{t}{\overline{T_1}}} - \frac{\overline{T_2}}{\overline{T_2} - \overline{T_1}} e^{-\frac{t}{\overline{T_2}}}\right) \qquad (29)$$

mit

$$\overline{T_1} = \frac{T_2}{2}\left(1 - \sqrt{1 - 4\frac{T_1}{T_2}}\right) \approx T_1$$

$$\overline{T_2} = \frac{T_2}{2}\left(1 + \sqrt{1 - 4\frac{T_1}{T_2}}\right) \approx T_2 - T_1 \qquad \frac{T_1}{T_2} \leq 0{,}1 \qquad (30)$$

Unter Berücksichtigung der Näherungen erhält man aus Gl. (29)

$$\bar{n} = \bar{u}\left[1 + \frac{1}{T_2 - 2T_1}\left(T_1 e^{-\frac{t}{T_1}} - (T_2 - T_1) e^{-\frac{t}{T_2 - T_1}}\right)\right] \qquad (31)$$

Für den Drehwinkel der Motorwelle ergibt sich nach Integration

$$\int \bar{n}\, dt = \bar{u}\left[t - T_2 - \frac{T_1^2}{T_2 - 2T_1} e^{-\frac{t}{T_1}} + \frac{(T_2 - T_1)^2}{T_2 - 2T_1} e^{-\frac{t}{T_2 - T_1}}\right] \qquad (32)$$

Durch Einführung der normierten Größen

$$\bar{\varphi} = \frac{\varphi}{2\pi n_0 T_2}\,;\ \alpha = \frac{T_1}{T_2}\,;\ \tau = \frac{t}{T_2} \qquad (33)$$

kann die Gl. (32) umgeformt werden, und man erhält

$$\bar{\varphi} = \bar{u}\left(\tau - 1 - \frac{\alpha^2}{1 - 2\alpha} e^{-\frac{\tau}{\alpha}} + \frac{(1-\alpha)^2}{1 - 2\alpha} e^{-\frac{\tau}{1-\alpha}}\right) \qquad (34)$$

Zur angenäherten Bestimmung der maximalen Periodendauer der Rechteckschwingung, bei der die Oszillation der Motorwelle eine noch zulässige Amplitude nicht überschreitet, kann der Einfluß der um 1 bis 2 Größenordnungen kleineren elektrischen Zeitkonstanten wieder vernachlässigt werden. Man erhält dann die Beziehung

$$\frac{\bar{\varphi}}{\bar{u}} \approx \tau - 1 + e^{-\tau} \qquad (34)$$

Die Lösung dieser transzendenten Gleichung erfolgt am einfachsten graphisch, da alle Näherungslösungen durch Reihenansätze nur unzureichende Ergebnisse liefern. Aus Abb. 8 erhält man z. B. für $\bar{\varphi}/\bar{u} = 0{,}15$ eine Periodendauer der Rechteckschwingung von $1{,}2\, T_2$.

Bei der Behandlung von Folgeregelkreisen mit Impulsbreitenmodulatoren als Leistungsschalter soll zunächst das Impulselement näher untersucht werden. Als Impulselement soll ein Zweipunktschalter dienen, der je nach Vorzeichen der Eingangsgröße die Ausgangssignale $+X_a$ und $-X_a$ abgibt. Zur Erzeugung der Impulsfolge werden dem Eingang des Komparators eine periodische Hilfsgröße sowie die Regelabweichung X_w zugeführt (Abb. 9).

Die Hilfsgröße $X_h(t)$ sei zunächst sägezahnförmig angenommen, für sie gilt also

$$\frac{X_h}{\hat{X}_h} = \frac{2t}{T} - (2n+1) \qquad nT \leq T \leq (n+1)T \tag{36}$$

Durch Überlagerung mit der quasistationären Eingangsgröße X_w wird die Hilfsgröße $X_h(t)$ um die Nullage verschoben (Abb. 10). Für den Mittelwert X_{am} der Ausgangsspannung gilt

$$\frac{X_{am}}{\hat{X}_a} = \frac{T_2 - T_1}{T} \tag{37}$$

Mit $T_2 = T/2 + t_1$, $T_1 = T/2 - t_1$ wird

$$\frac{X_{am}}{\hat{X}_a} = \frac{2t_1}{T} \tag{38}$$

Da in dem Zeitintervall t_1 die Sägezahnfunktion um den Betrag X_w ansteigt, gilt für die Regelabweichung

$$\frac{X_w}{\hat{X}_h} = \frac{2t_1}{T} \tag{39}$$

und damit ergibt sich für den bezogenen Mittelwert der Ausgangsspannung

$$\frac{X_{am}}{\hat{X}_a} = \frac{X_w}{\hat{X}_h} \tag{40}$$

Das Impulsglied kann daher bei linear ansteigender (oder abfallender) Hilfsgröße als linearer Kraftverstärker mit Begrenzung angesehen werden.
Für die Verstärkung des Impulselementes, d. h. das Verhältnis von Ausgangsgröße zu Eingangsgröße ergibt sich

$$K_i = \frac{\hat{X}_a}{\hat{X}_h} \tag{41}$$

Die Aussteuerkennlinie des Impulselementes verläuft bis zu Werten von $X_w = X_h$ linear. Für Regelabweichungen, die größer als der Scheitelwert der Hilfsgröße sind, geht das zuvor lineare Regelkreisglied in die Sättigung.
Bei sinusförmigem Verlauf der Hilfsgröße erhält man bei gleichem Rechenweg für den Mittelwert der Ausgangsgröße des Zweipunktschalters

$$\frac{X_{am}}{\hat{X}_a} = \frac{2}{\pi} \arcsin \frac{X_w}{\hat{X}_h} \tag{42}$$

In diesem Falle kann das Impulsglied, wie auch aus Abb. 11 ersichtlich, nur bei kleinen Aussteuerungen als linear angesehen werden.
Zusammenfassend kann gesagt werden, daß das Verhältnis von Verlustleistung bei Motorstillstand zu der maximalen Wellenleistung des Stellmotors außerordentlich un-

günstig ist. Die in der Ankerwicklung erzeugte, hohe Verlustleistung muß durch entsprechende Kühlung des Motors abgeführt werden. Als obere, sinnvolle Leistungsgrenze derartiger Verstärker können etwa 200 W Ausgangsleistung angesehen werden. Ein weiterer Nachteil bei der Ansteuerung von Gleichstrommotoren über Schaltverstärker ist die Tatsache, daß keine Energierücknahme möglich ist.

3.2 Gleichspannungsleistungsverstärker

Von einem idealen Leistungsverstärker muß ein verzögerungsfreier Betrieb in allen vier Quadraten der Drehzahl-Drehmoment-Ebene gefordert werden. Mit Leonardgeneratoren und Gleich-Wechselrichteranlagen kann die Forderung nach einem Vierquadrantenbetrieb realisiert werden. Beide Systeme arbeiten jedoch nicht verzögerungsfrei. Die idealen Verstärkereigenschaften können mit trägheitslosen Gleichspannungsleistungsverstärkern bestmöglich verwirklicht werden. Die Eigenschaften und Anforderungen an transistorisierte Verstärker sollen im folgenden behandelt werden.
Um auch in der Praxis den theoretisch erreichbaren Ergebnissen eines Lagerregelsystems möglichst nahe zu kommen, muß die Ausgangsleistung des Reglers auch bei großen Sollwertsprüngen ausreichen, um den Motor und die nachgeschalteten mechanischen Übertragungsglieder auf die neue Solldrehzahl zu beschleunigen. Die Verstärkung soll so groß sein, daß bereits bei kleinen Aussteuerungen der gewünschte Endwert der Regelgröße erreicht wird. Abb. 12 zeigt eine diesen Anforderungen entsprechende Aussteuerkennlinie.
Unter dem Einfluß von Störgrößen kann die Aussteuerung bis zu den Punkten A bzw. A' auf der Kennlinie ansteigen, um den Drehzahlsollwert einzuhalten. Bei einem Sollwertsprung kann der statisch nicht in Anspruch genommene, lineare Teil der Kennlinie bis zu den Punkten B bzw. B' für die Dynamik in Anspruch genommen werden. Da der Antrieb auch großen Sollwertsprüngen schnell folgen soll, darf der statische Regelbereich der Kennlinie nur einen möglichst kleinen Teil des dynamischen Bereiches ausmachen. Die Ausgangsleistung des Verstärkers sollte, wie bereits im Abschnitt 2.2 erläutert, der Maximalleistung des Stellmotors entsprechen. Beim Beschleunigen des Antriebs aus dem Stillstand muß der Verstärker zunächst die Maximalleistung, die als Verlustleistung im Anker anfällt, abgeben. Der Belastungswiderstand des Verstärkers während eines Beschleunigungsvorganges ist eine Funktion der Zeit. Seine Größe hängt weiterhin von der Verstärkerausgangsspannung und der Belastung des Stellmotors durch Reibmomente ab.
Beim Beschleunigen aus dem Stillstand fließen der zehnfache und beim Reversieren des Antriebes der 15fache bis 20fache Nennstrom. Für den Aufbau derartiger Verstärker eignen sich Transistoren besonders gut. Sie sind einmal für relativ hohe Kollektor-Emitterspannungen erhältlich und können durch Parallelschalten bei geeigneter Gegenkopplung zum Steuern großer Ströme eingesetzt werden. Besondere Sorgfalt ist dabei jedoch der Kühlung der Halbleiterelemente zu widmen. Die Auswahl und die Anzahl der in der Endstufe des Leistungsverstärkers zu verwendenden Transistoren richtet sich nach der gewünschten Ausgangsspannung und dem maximalen Ausgangsstrom. Dabei müssen die vom Hersteller angegebenen Grenzwerte für Dauerbetrieb auch hinsichtlich der maximalen Verlustleistung, die noch durch den Second-Break-down-Effekt verringert wird, berücksichtigt werden [7]. Durch Parallelschalten von n gleichartigen Transistoren Abb. 13, die jeweils über die Emitterwiderstände R_E gegengekoppelt sind, kann dann der erreichbare Laststrom sowie die an den Transistoren auftretende Gesamtverlustleistung auf den n-fachen Wert gesteigert werden. Die Gegenkopplung über die Widerstände R_E verringert den Einfluß von Exemplarstreuungen, ein Aussuchen der

Transistoren hinsichtlich gleicher Parameter ist daher nicht nötig. Für jede Drehrichtung des Stellmotors ist eine Endstufe nach Abb. 13 erforderlich. Die beiden Endstufen können dann gegenphasig von einem vorgeschalteten Differenzverstärker angesteuert werden.

Für den Leistungsverstärker ergibt sich demnach ein prinzipieller Aufbau nach Abb. 4.

Der Spannungsabfall über den Emitterwiderständen wird dem Differenzverstärker wieder als Gegenkopplungssignal zugeführt. Dadurch läßt sich eine Strombegrenzung erreichen, über die hinaus der Verstärker nicht weiter ausgesteuert werden kann.

Für Versuchszwecke wurde ein Leistungsverstärker entwickelt, bei dem jeweils zehn Transistoren in jeder Endstufe parallelgeschaltet wurden. Die Versorgungsspannung wurde mit 75 V so gewählt, daß beim Umsteuern des Antriebes, d. h. wenn Versorgungsspannung und generierte Spannung des Motors sich addieren, die maximal zulässige Kollektor-Emitter-Spannung nicht überschritten wurde. In der Abb. 15 sind die statischen Belastungskennlinien des Verstärkers wiedergegeben, die zwischen den Verlustleistungshyperbeln liegen.

Die maximal zulässige Verlustleistung beträgt hier 1 kW. Beim Beschleunigen des Motors aus dem Stillstand werden im Normalfalle höhere Anfahrströme gefordert, als sie aus dem Kennlinienfeld ersichtlich sind. Dies läßt sich dadurch erreichen, daß die Transistoren zunächst durchgeschaltet werden, und nach Absinken des Stromes wieder stetig angesteuert werden. Dazu muß die Stromgegenkopplung von den Emitterwiderständen der Endstufen auf den Vorverstärker verzögert arbeiten. Durch die Gegenkopplung verringert sich zwar die Gesamtverstärkung, ihr Vorteil liegt jedoch in einer Herabsetzung des dynamischen Ausgangswiderstandes bis auf einige Milliohm.

Wie aus dem Frequenzgang des Verstärkers ersichtlich (Abb. 16), wurde die Gegenkopplung so dimensioniert, daß sich bis zu Frequenzen von 1 kHz kein Verstärkungsabfall und nahezu keine Phasenschiebung ergeben.

4. Aufbau und Kenngrößen eines Vorschubregelkreises

In ihrem prinzipiellen Aufbau sind Folgeregelkreise stets gleich, sie unterscheiden sich nur hinsichtlich der eingesetzten Stellmotoren. Das Verhalten von Folgesystemen wurde bereits mehrfach untersucht [8, 9, 10, 11], dennoch sollen die Kenngrößen derartiger Regelkreise unter idealen Bedingungen kurz abgeleitet werden, um eine Vergleichsbasis für die erzielbaren Ergebnisse unter dem Einfluß von Nichtlinearitäten zu schaffen.

Den allgemeinen Aufbau eines Folgeregelkreises zeigt die Abb. 17. Die Differenz zwischen Lagesoll- und Lageistwert wird in einem Differenzverstärker gebildet, in einem geeigneten Leistungsverstärker auf ein hohes Energieniveau gebracht und dem Stellmotor als Spannung zugeführt.

Der Verfahrweg des Tisches bzw. der Verdrehwinkel der Spindel soll über ein Meßsystem erfaßt und in eine proportionale Spannung umgesetzt werden.

Um das Verhalten des Regelkreises beschreiben zu können, müssen zunächst die Eigenschaften des Stellmotors ermittelt werden. Für die Abhängigkeit des Drehmomentes M_M erhält man bei Gleichstromnebenschlußmotoren

$$M = M_0 \frac{u}{u_0} - \frac{M_0}{n_0} n_M \tag{43}$$

Das von dem Motor entwickelte Drehmoment soll ausschließlich zum Beschleunigen der trägen Massen J aufgewendet werden:

$$M = 2\pi J \dot{n}_M \tag{44}$$

Reibungs- sowie innere Dämpfungsverluste des Motors können vernachlässigt werden, da ihr Anteil an dem Gesamtdrehmoment sehr gering ist. Durch Gleichsetzen von Gl. (43) und Gl. (44) erhält man

$$M_0 \frac{u}{u_0} - \frac{M_0}{n_0} n_M = 2\pi J \dot{n}_M \tag{45}$$

Der Frequenzgang des Gleichstrommotors berechnet sich nach einigen Umformungen daraus zu

$$F_M = \frac{K_M}{1 + sT_2} \tag{46}$$

Dabei sind:

$$K_M = \frac{n_0}{u_0} \quad \text{und} \quad T_2 = \frac{2\pi n_0}{M_0} J \tag{47}$$

Für den Frequenzgang des offenen Kreises erhält man, wenn man den Verfahrweg des Tisches als Regelgröße betrachtet

$$F_0 = \frac{v_0}{1 + K_G} \cdot \frac{1}{s\left(1 + s\dfrac{T_2}{1 + K_G}\right)} \tag{48}$$

mit

$$K_G = K_2 K_M K_T \quad \text{und} \quad v_0 = \frac{K_1 K_2 K_M b}{i} \tag{49}$$

Wie aus Gl. (48) ersichtlich ist, wird das Zeitverhalten durch Rückführung der Stellgeschwindigkeit verbessert, da die wirksame Zeitkonstante kleiner als die mechanische Zeitkonstante des Stellmotors ist. Dies muß jedoch durch eine Verringerung der Gesamtverstärkung erkauft werden.
Da weiterhin der Aussteuerbereich der Verstärker beschränkt ist, sind einer beliebigen Erhöhung der Gegenkopplung Grenzen gesetzt.

Für den Führungsfrequenzgang ergibt sich

$$F_w = \frac{1}{1 + s\dfrac{1 + K_G}{v_0} + s^2 \dfrac{T_2}{v_0}} \tag{50}$$

Das Verhalten des Regelkreises wird durch seine Eigenfrequenz und seine Dämpfung bestimmt.
Hierfür erhält man

$$\omega_0 = \sqrt{\frac{v_0}{T_2}} \quad \text{und} \quad D = \frac{1 + K_G}{2\sqrt{v_0 T_2}} \tag{51}$$

Eine Abhängigkeit der Dämpfung von dem Verstärkungsfaktor K_2 und der Gegenkopplung K_T vermittelt die Abb. 18. Das Dämpfungsminimum ergibt sich für $K_2 = 1/K_M K_T$ zu

$$D_{\min} = \frac{1}{\sqrt{\frac{b}{i} \cdot \frac{K_1}{K_T} \cdot T_2}} \qquad (52)$$

Bei dieser Wahl der Verstärkungsfaktoren erhält man für die zulässige Verstärkung bei $D_{\min} = 1$

$$v_0 = \frac{1}{T_2} \qquad (53)$$

Bei sich mit der Zeit linear ändernder Führungsgröße erhält man für die Regelabweichung im eingeschwungenen Zustand

$$\frac{X_{w\infty}}{\dot{X}_0} = 4 D^2 \frac{T_2}{1 + K_G} \qquad (54)$$

Für eine auftretende Regelabweichung durch Störkräfte erhält man

$$\frac{X_w}{P_L} = \frac{4 D^2 T_2}{2 \pi n_0 M_0 (1 + K_G)} \cdot \dot{X}_{\max}^2 \qquad (55)$$

5. Einflüsse von Nichtlinearitäten

Die im vorigen Abschnitt abgeleiteten Beziehungen, die die Eigenschaften eines Folgeregelkreises beschreiben, gelten nur so lange, wie alle Glieder des Regelkreises lineares Verhalten aufweisen. Bei praktischen Ausführungen von Folgesystemen werden jedoch immer Übertragungsglieder mit nichtlinearem Verhalten innerhalb des Regelkreises liegen.
Bei allen Ableitungen wurde stets von der Voraussetzung ausgegangen, daß sich sowohl Vorverstärker als auch Leistungsverstärker beliebig weit auf einer linearen Kennlinie aussteuern lassen. Dies ist jedoch bei praktischen Ausführungen von Folgeregelkreisen nicht möglich.
Die Einflüsse von Übersteuerung, Ansprechunempfindlichkeiten sowie von Reibung sollen im folgenden näher untersucht und mit den Ergebnissen des idealen Kreises verglichen werden. Zur Darstellung des Übertragungsverhaltens nichtlinearer Regelkreisglieder kann vorteilhaft die Beschreibungsfunktion herangezogen werden [11, 12, 13]. Dabei wird zwar nur die Grundwelle der von der Nichtlinearität erzeugten Ausgangsgröße bei sinusförmiger Erregung zur Berechnung herangezogen, jedoch können alle Oberwellen höherer Ordnung insoweit vernachlässigt werden, als man davon ausgehen kann, daß alle folgenden linearen Regelkreisglieder Tiefpaßcharakteristik besitzen. Dadurch werden die Harmonischen höherer Ordnung mehr oder weniger stark gedämpft. Die Zulässigkeit dieser vereinfachenden Annahme wird durch Messungen am Regelkreis bestätigt.

5.1 Einflüsse von Begrenzungen

Bei großen Sollwertsprüngen wird die am Eingang der Vorverstärker anstehende Regelabweichung so große Werte annehmen, daß die Verstärker bis zur Sättigung durchgesteuert werden. Damit ergibt sich auch für die Stellgröße, in diesem Falle die Ankerspannung des Motors, ein geringerer Wert, als er der eigentlichen Regelabweichung entspricht. Das Verhalten des Regelkreises wird sich also dahingehend verschlechtern, daß zum Übergang auf den neuen Sollwert eine längere Zeit benötigt wird. Im Bode-Diagramm wird sich daher ein Amplitudenabfall und eine größere Phasennacheilung schon bei tieferen Frequenzen als bei dem linearen System einstellen.

Zur rechnerischen Erfassung soll ein Regelkreis entsprechend Abb. 19 betrachtet werden.

Das nichtlineare Verhalten soll durch das Begrenzungsglied hervorgerufen werden. Für die Beschreibungsfunktion der Nichtlinearität erhält man aus dem Ansatz

$$B(A) = \frac{1}{\pi A} \int_0^{2\pi} f(A \cdot \sin \omega t) \cdot \sin \omega t \, d\omega t \tag{56}$$

und mit den Koordinatenwerten der Begrenzerkennlinie nach Abb. 20

$$B(A) = \frac{X_{a0}}{X_{e0}} \cdot \frac{2}{\pi} \left(\arcsin \frac{1}{X_e/X_{e0}} + \frac{1}{X_e/X_{e0}} \sqrt{1 - \left(\frac{1}{X_e/X_{e0}}\right)^2} \right) \tag{57}$$

Übertragen auf das Folgesystem bedeutet dabei der Faktor X_{a0}/X_{e0} die Verstärkung K_2 im linearen Bereich. Zur Vereinfachung der nachfolgenden Berechnungen sollen die Normierungen

$$\overline{W} = \frac{w}{X_{e0}} \; ; \; \overline{X} = \frac{X}{X_{e0}} \; ; \; \overline{X}_w = \frac{X_w}{X_{e0}} \; ; \; \overline{y} = \frac{y}{X_{a0}} \tag{58}$$

eingeführt werden. Damit erhält man aus Gl. (57) die normierte Beschreibungsfunktion der Begrenzerkennlinie

$$B = \frac{2}{\pi} \left(\arcsin \frac{1}{\overline{X}_w} + \frac{1}{\overline{X}_w} \sqrt{1 - \left(\frac{1}{\overline{X}_w}\right)^2} \right) \tag{59}$$

Sie ist in Abb. 21 dargestellt.

Die Beschreibungsfunktion gibt das Verhältnis der Ausgangsamplitude der Grundwelle zur Amplitude der Eingangsgröße wieder. Mit wachsender Übersteuerung wird dieses Verhältnis immer ungünstiger, wie man der Kurve entnehmen kann. Für den Führungsfrequenzgang des Regelsystems erhält man wieder die gleiche Beziehung wie im vorhergehenden Abschnitt, nur mit dem Unterschied, daß sich jetzt Abhängigkeiten der Dämpfung und der Eigenfrequenz des Kreises von der Aussteuerung ergeben:

$$\omega_0 = \sqrt{\frac{v_0 \cdot B}{T_2}} \tag{60}$$

$$D = \frac{1 + K_G \cdot B}{2\sqrt{v_0 B T_2}} \tag{61}$$

Für den Führungsfrequenzgang erhält man als Funktion der Kreisfrequenz

$$\overline{F}_w(\omega, B) = \frac{1}{1 - \omega^2 \dfrac{T_2}{v_0 B} + j\omega \dfrac{1 + K_G B}{v_0 B}} \tag{62}$$

Mit der Beziehung für das Dämpfungsminimum, das für $K_T = K_2 K_M$ erreicht wird und das nicht kleiner als 1 werden soll, läßt sich die maximal zulässige Verstärkung v_0 bestimmen zu

$$v_0 = \frac{1}{T_2} \quad (63)$$

Mit diesen Beziehungen sowie durch Einführen einer normierten Frequenz

$$\Omega = \omega T_2 \quad (64)$$

ergibt sich aus Gl. (62) für den normierten Führungsfrequenzgang des Regelkreises

$$\bar{F}_w(\Omega, B) = \frac{1}{1 - \dfrac{\Omega^2}{B} + j\Omega \dfrac{1+B}{B}} \quad (65)$$

bzw.

$$\bar{F}_w(\Omega, B) = \frac{1}{\left[\left(1 - \dfrac{\Omega^2}{B}\right)^2 + \dfrac{\Omega^2}{B^2}(1+B)^2\right]^{1/2}} \bigg/ -\arctan\frac{\Omega(1+B)}{B-\Omega_2} \quad (66)$$

Gl. (66) ist eine Funktion der Frequenz Ω und der Beschreibungsfunktion B, d. h. implizit eine Funktion der Regelabweichung X_w.
Zur Bestimmung des Führungsverhaltens als Funktion der Führungsgröße $\bar{W}$, die ein Maß für die Übersteuerung des Regelsystems ist, kann der Abweichungsfrequenzgang herangezogen werden.

$$\bar{W} = \bar{X}_w \cdot \frac{\bar{F}_0}{\bar{F}_w} \quad (67)$$

Mit den eingeführten Normierungen erhält man daraus für den Betrag der Führungsgröße als Funktion der bezogenen Regelabweichung $\bar{X}_w$ und der Frequenz Ω

$$|\bar{W}| = |\bar{X}_w| \cdot B \frac{\sqrt{\left(1 + \dfrac{\Omega^2}{B}\right)^2 + \left(\dfrac{\Omega(1+B)}{B}\right)^2}}{\Omega\sqrt{(1+B)^2 + \Omega^2}} \quad (68)$$

Stellt man die Beziehungen (66) und (68) als Funktionen der Frequenz Ω mit der Regelabweichung $\bar{X}_w$ als Parameter dar, so ergeben sich die beiden Diagramme der Abb. 22 und 23. Durch Umzeichnen kann man aus den beiden Schaubildern den Parameter $\bar{X}_w$ eliminieren und man erhält damit den Frequenzgang des Regelkreises parametriert nach der bezogenen Führungsgröße $\bar{W}$.
In der Abb. 22 ist der Verlauf der Führungsgröße $\bar{W}$ als Funktion der Frequenz aufgetragen, die Abb. 33 gibt die Führungsfrequenzgänge des nichtlinearen Regelsystems mit der Regelabweichung $\bar{X}_w$ als Parameter wieder.
Die daraus gewonnenen Frequenzgänge des Regelkreises bei verschiedenen Eingangsamplituden $\bar{W}$ zeigt die Abb. 24.
In der gleichen Abbildung ist der Führungsfrequenzgang eines untersuchten Antriebes bei Übersteuerung zum Vergleich mit eingezeichnet. Dabei betrug die Führungsgröße etwa den dreifachen Wert der Übersteuerungsgrenze. Der prinzipiell gleiche Verlauf des gemessenen Frequenzganges mit dem rechnerisch ermittelten ist gut zu erkennen. Ledig-

lich der gemessene Phasenverlauf weicht von dem errechneten wesentlich ab, da bei der Berechnung das Übertragungsverhalten der mechanischen Elemente sowie die elektrische Zeitkonstante des Stellmotors nicht berücksichtigt wurden. Dennoch erlaubt der abgeleitete Rechnungsgang mit guter Näherung eine Abschätzung des Folgeverhaltens von Regelkreisen unter Berücksichtigung von Nichtlinearitäten.

Wie bereits angedeutet verschlechtern sich die Eigenschaften des Regelkreises bei Eingangssignalen, die die Verstärker bis in die Sättigung aussteuern. Schon bei einer Übersteuerung des Systems um den Faktor 2 sinkt die Grenzfrequenz um die Hälfte. Besonders deutlich sind jedoch die Einflüsse der Nichtlinearität im Phasengang zu erkennen.

5.2 Einflüsse von Totzonen

Totzonen können durch Ansprechunempfindlichkeiten der Verstärker, durch Lose in den mechanischen Übertragungselementen oder durch Reibung hervorgerufen werden.

Je nach Erfassung des Istwertes, direkt am Tisch oder indirekt an der Antriebsspindel oder über ein Meßgetriebe, kann der Einfluß der Lose in den mechanischen Übertragungselementen eliminiert werden. Die Arbeitspunkte aller Verstärker im Regelkreis können ebenfalls so eingestellt werden, daß sich keine Ansprechunempfindlichkeiten ergeben. Damit bleibt zunächst als nicht ohne weiteres zu eliminierende Ursache für Totzonen die mechanische Reibung. Alle Einflüsse, die durch Reibung hervorgerufen werden, sollen jedoch getrennt behandelt werden.

Die Auswirkung von Totzonen auf das Übertragungsverhalten eines Folgeregelkreises können mathematisch nach genau dem gleichen Verfahren bestimmt werden wie die Einflüsse von Begrenzungen in Abschnitt 5.1. Zur Berechnung soll wieder die Beschreibungsfunktion herangezogen werden. Dabei kann an Stelle der nichtlinearen Begrenzerkennlinie im Blockschaltbild Abb. 19 ein nichtlineares Übertragungselement entsprechend Abb. 25 eingesetzt werden.

Der Tangens des Steigungswinkels β entspreche einem der Verstärkungsfaktoren der linearen Regelkreisglieder. Ausgehend von Gl. (56) und mit den Beziehungen (58) erhält man schließlich die normierte Beschreibungsfunktion der Totzone, die in Abb. 26 dargestellt ist.

$$B = 1 - \frac{2}{\pi} \left(\arcsin \frac{1}{\overline{X}_w} + \frac{1}{\overline{X}_w} \sqrt{1 - \left(\frac{1}{\overline{X}_w}\right)^2} \right) \tag{69}$$

Wie aus der Kennlinie, aber auch aus der Beschreibungsfunktion ersichtlich, ist das Verhalten des Regelkreises bei kleinen Aussteuerungen, die in der Größenordnung der Unempfindlichkeitsschwelle X_{e0} liegen, am schlechtesten. Bei großen Aussteuerungen zeigt der Regelkreis praktisch lineares Verhalten ($B \to 1$).

Mit Hilfe der Beschreibungsfunktion Gl. (69) kann nach dem gleichen Rechengang wie bei der Untersuchung der Einflüsse von Begrenzungen das Führungsverhalten des Regelkreises als Funktion der Aussteuerung ermittelt werden. Abb. 27 zeigt wieder den Verlauf der Führungsgröße und Abb. 28 den Führungsfrequenzgang mit der Regelabweichung als Parameter. Daraus läßt sich durch Umzeichnen der nach der Führungsgröße parametrierte Führungsfrequenzgang ermitteln (29).

5.3 Einflüsse von Reibung

Die bei jedem Vorschubantrieb vorhandene Reibung beeinflußt das Verhalten von Folgeregelkreisen, da durch die Belastung des Stellmotors mit einem Reibmoment nicht mehr das gesamte Maximalmoment zur Massenbeschleunigung zur Verfügung steht. Eine Abschätzung der Reibungseinflüsse auf das Verhalten eines Folgesystems soll im folgenden durchgeführt werden.

Mit den Betriebsgleichungen des Gleichstrommotors

$$U = \frac{1}{K_M} \omega + R_A i + L_A \dot{i}$$

$$M_M = \frac{1}{K_M} i = J\dot{\omega} + M(\omega) \tag{70}$$

erhält man nach einigen Umformungen eine Differentialgleichung, die das Verhalten des Stellmotors beschreibt.

$$T_1 T_2 \ddot{\omega} + T_2 \dot{\omega} + \omega + K_M^2 R_A M(\omega) + K_M^2 L_A \dot{M}(\omega) = K_M \cdot u \tag{71}$$

Dabei sollen in $M(\omega)$ alle zeitlich konstanten und drehzahlproportionalen Belastungsmomente, die z. B. durch Wirbelströme im Motor hervorgerufen werden, enthalten sein.

Für einen Regelkreis nach Abb. 17 erhält man unter Berücksichtigung der Abhängigkeit der Regelgröße x von der Motordrehzahl

$$x = \frac{b}{i} \int \omega \, dt \tag{72}$$

zusammen mit Gl. (71) eine Differentialgleichung für den geschlossenen Regelkreis:

$$T_1 T_2 \dddot{x} + T_2 \ddot{x} + (1 + K_G) \dot{x} + v_0 x + \frac{bT_2}{iJ} M(\dot{x}) + \frac{bT_1 T_2}{iJ} \dot{M}(\dot{x}) = v_0 W \tag{73}$$

Zur Untersuchung der Einflüsse des Reibmomentes soll eine angenäherte Reibungscharakteristik nach Abb. 30 benutzt werden.

Für das von der Schlittengeschwindigkeit $\dot{x}$ abhängige Drehmoment ergibt sich dann

$$M(\dot{x}) = M_H \operatorname{sign} \dot{x} + \vartheta \dot{x} \tag{74}$$

und für

$$\dot{M}(\dot{x}) = \vartheta \ddot{x} \tag{75}$$

Setzt man diese Näherungen in Gl. (73) ein, so erhält man schließlich

$$T_1 T_2 \dddot{x} + \left(T_2 + \frac{bT_1 T_2}{iJ} \vartheta\right) \ddot{x} + \left(1 + K_G + \frac{bT_2}{iJ} \vartheta\right) \dot{x} + v_0 x$$

$$= v_0 W - \frac{bT_2}{iJ} M_H \cdot \operatorname{sign} \dot{x} \tag{76}$$

Man erkennt bereits aus Gl. (76), daß das Auftreten eines Haftreibmomentes M_H gleichbedeutend mit einer Verringerung der Führungsgröße W oder der Verstärkung v_0 ist. Zur Bestimmung der effektiven Geschwindigkeitsverstärkung trennt man die Wegrückführung des Kreises auf und mißt die Verfahrgeschwindigkeit $\dot{x}$ im stationären Zustand. Auf Gl. (76) angewandt, bedeutet dies, daß $x = \ddot{x} = \dddot{x} = 0$ zu setzen ist. Damit erhält man

$$\left(1 + K_G + \frac{bT_2}{iJ} \vartheta\right) \dot{x} = v_0 W - \frac{bT_2}{iJ} M_H \tag{77}$$

Für die effektive Geschwindigkeitsverstärkung V_{eff} ergibt sich

$$V_{\text{eff}} = \frac{v_0 - \dfrac{bT_2 M_H}{iJW}}{1 + K_G + \dfrac{bT_2}{iJ}\vartheta} \qquad (78)$$

Mit $T_2 = \omega_{\max} J/M_0$ und mit Gl. 72 läßt sich die gewonnene Beziehung umformen und man erhält schließlich

$$V_{\text{eff}} = \frac{v_0 - \dfrac{\dot{X}_{\max}}{W}\cdot\dfrac{M_H}{M_0}}{1 + K_G + \dfrac{\dot{X}_{\max}}{M_0}\vartheta} \qquad (79)$$

Wie man erkennt, wird die effektive Geschwindigkeitsverstärkung des Regelkreises durch den Einfluß der Reibung verringert. V_{eff} ist weiterhin von der Maximaldrehzahl und dem Kurzschlußmoment des Stellmotors und von der Aussteuerung abhängig. Bei sehr kleinen Beträgen der Führungsgröße W nimmt die effektive Geschwindigkeitsverstärkung sehr schnell ab.

Obwohl Gl. (79) nur eine grobe Näherung darstellt, stimmen die damit erhältlichen Werte gut mit den Ergebnissen überein, die eine Auswertung von Gl. (73) auf dem Analogrechner liefert. Hierzu wurden verschiedene Reibungskennlinien entsprechend Abb. 31 nachgebildet.

Zur Bestimmung der effektiven Geschwindigkeitsverstärkung wurden jeweils für verschiedene Werte von Haftreibmoment und Momentanstieg die Geschwindigkeit x bei unterschiedlicher Verstärkung v_0 und bei variabler Aussteuerung w bestimmt. Bezieht man die so gefundenen Werte von V_{eff} auf die theoretische Geschwindigkeitsverstärkung v_0, so erhält man Kurvenzüge entsprechend Abb. 32. Bei einem Gegenkopplungsfaktor $K_G = 1$ ist für die effektive Geschwindigkeitsverstärkung $v_0/2$ zu erwarten. Wie stark der Einfluß der Reibung ist, geht aus den Diagrammen deutlich hervor.

Bei sehr kleinen Aussteuerungen weicht die Geschwindigkeitsverstärkung erheblich von dem theoretischen Wert ab. Man erkennt, daß für kleine Differenzen zwischen Lagesoll- und Istwert die Geschwindigkeitsverstärkung zu Null werden kann; Regelabweichungen unter einer bestimmten Grenze werden nicht mehr ausgeregelt. Eine Verdoppelung des geschwindigkeitsproportionalen Momentenanstiegs zeigt kaum einen Einfluß auf den Kurvenverlauf der Abb. 32. Wie schon eine grobe Abschätzung zeigt, bleibt der Summand $\vartheta \dot{X}_{\max}/M_0$ eine Größenordnung kleiner als 1. Er kann daher für eine Bestimmung der effektiven Geschwindigkeitsverstärkung vernachlässigt werden. Gl. (78) vereinfacht sich dann zu

$$V_{\text{eff}} \approx \frac{v_0 - \dfrac{\dot{X}_{\max}}{W}\cdot\dfrac{M_H}{M_0}}{1 + K_G} \qquad (80)$$

Aus der Näherung für die effektive Geschwindigkeitsverstärkung kann der Grenzwert der Regelabweichung, die von dem System noch ausgeregelt wird, ermittelt werden. Setzt man in Gl. (79) $V_{\text{eff}} = 0$, dann läßt sich daraus die kleinste Aussteuerung X_W bestimmen. Man erhält

$$X_{W\min} = \frac{\dot{X}_{\max}}{v_0}\cdot\frac{M_H}{M_0} \qquad (81)$$

Das Nomogramm Abb. 33 stellt die graphische Auswertung dieser Beziehung dar. Es erlaubt eine Abschätzung der bleibenden Regelabweichung unter dem Einfluß von Reibung.

Der Einfluß der Reibung auf die Dämpfung des Regelkreises kann aus der Gl. (76) nicht bestimmt werden. Es ist jedoch möglich, eine Näherungslösung anzugeben, wenn man die um 1 bis 2 Größenordnungen kleinere, elektrische Zeitkonstante T_1 gegenüber der mechanischen Zeitkonstanten T_2 vernachlässigt. Man erhält dann eine Differentialgleichung 2. Ordnung, für die sich ein Dämpfungsmaß bestimmen läßt.

Untersuchungen am Analogrechner haben gezeigt, daß diese Vereinfachung dann zulässig ist, wenn die Dämpfung des Regelsystems um 1 liegt, da das System 2. Ordnung sich dann kaum von einem System 3. Ordnung unterscheidet.

Unter Vernachlässigung der elektrischen Zeitkonstanten erhält man aus Gl. (76)

$$\ddot{x} + \frac{1}{T_2}\left(1 + K_G + \frac{bT_2}{iJ}\vartheta\right)\dot{x} + \frac{v_0}{T_2}x = \frac{v_0}{T_2}W - \frac{b}{iJ}M_H \cdot \operatorname{sign}\dot{x} \qquad (81)$$

Daraus bestimmt sich die Dämpfung zu

$$D = \frac{1 + K_G + \dfrac{bT_2}{iJ}\vartheta}{2\sqrt{v_0 T_2}} \qquad (82)$$

In Abschnitt 4 ergab sich bei der Betrachtung des einfachen Folgeregelkreises für die Dämpfung

$$D_0 = \frac{1}{2\sqrt{v_0 T_2}}$$

Berücksichtigt man diese Beziehung und ersetzt im Zähler der Gl. (82) die mechanische Zeitkonstante des Systems durch die Grenzdaten des Stellmotors, dann läßt sich unter Berücksichtigung der Gl. (72) für die Dämpfung des Regelkreises bei Reibbelastung schreiben

$$\frac{D}{D_0} = 1 + K_G + \frac{\dot{X}_{\max}}{M_0}\vartheta \qquad (83)$$

Aus dieser Beziehung ist zu ersehen, daß sich jetzt, im Gegensatz zum linearen System, die Dämpfung um einen Anteil, der der geschwindigkeitsproportionalen Reibbelastung entspricht, erhöht. Dieser Anteil wächst mit steigender Maximaldrehzahl des Stellmotors; sein Einfluß wird jedoch mit größer werdendem Kurzschlußmoment des Motors geringer.

So sehr eine Erhöhung der Dämpfung des Regelkreises auch erwünscht sein mag, so überwiegen doch die Nachteile, die eine zusätzliche Belastung des Stellmotors durch Reibung mit sich bringen. Die Verringerung der effektiven Geschwindigkeitsverstärkung sowie die Erhöhung der bleibenden Regelabweichung durch das Haftreibmoment bewirken eine wesentliche Herabsetzung der Dynamik und Genauigkeit des Vorschubantriebes.

6. Untersuchung eines Vorschubantriebes mit Gleichstromnebenschlußmotoren

Die in den vorhergehenden Abschnitten abgeleiteten Eigenschaften von Regelkreisen gelten nur für ideales Übertragungsverhalten aller Regelkreisglieder. Bei der praktischen Ausführung von Vorschubantrieben werden die erzielten Ergebnisse je nach Aufwand mehr oder weniger von den theoretischen Werten abweichen. Einen wesentlichen Einfluß auf das Gesamtverhalten des Antriebs üben die mechanischen Übertragungselemente aus, die bei allen Berechnungen weitgehend vernachlässigt wurden. Trotz genauester Fertigung und Montage werden die Übertragungselemente nie ganz spielfrei sein. Durch die begrenzte Steifigkeit der Lagerungen und Führungen stellen sie schwingungsfähige Feder-Masse-Systeme dar, die, je nach Lager der Resonanzfrequenzen, das Gesamtverhalten des Antriebes wesentlich beeinflussen können.

Die folgenden Versuchsergebnisse wurden an einem Tischantrieb mit hydrostatischen Lagern wie in Abb. 34 gezeigt, gewonnen. Der Antrieb erfolgte über Untersetzungsgetriebe und Kugelumlaufspindel. Das Getriebe war zweistufig ausgeführt: Eine erste Getriebestufe mit Stirnrädern und kleiner Untersetzung und ein nachgeschaltetes Cyclogetriebe. Der Vorteil des Cyclogetriebes liegt in seinem sehr geringen antriebsseitigen Trägheitsmoment. Die Daten des Tischantriebes sind in der Tabelle Abb. 35 zusammengestellt.

Das relativ große, vom Antriebsmotor zu überwindende, Reibmoment wird einmal durch die Vorspannung der Spindellagerung, zum anderen durch das hohe Gleitreibungsmoment des Cyclogetriebes hervorgerufen. Dieses Reibmoment ist von der Viskosität des Getriebeöles abhängig, d. h. von der Öltemperatur bzw. der Laufzeit.

Darüber hinaus ist das gesamte, vom Motor zu überwindende Reibmoment drehzahlabhängig. Trotz der hydrostatischen Tischlagerung betragen die auf die Motorwelle reduzierten Haftreibmomente ca. 10% (Motor B) bzw. 40% (Motor A) der Nennmomente der Antriebsmotoren. Wie bereits abgeleitet, hängt das zulässige, auf die Motorwelle reduzierte Reibmoment im wesentlichen von den Anforderungen an die Genauigkeit des Vorschubantriebes ab. Als obere zulässige Grenze für Reibmomente können etwa 20% des Motornennmomentes angesehen werden.

6.1 Untersuchung des offenen Kreises

Bei den Untersuchungen wurden zwei Gleichstromnebenschlußmotoren unterschiedlicher Bauart eingesetzt (Motor A, bzw. Motor B). Die Daten der Motoren sind in der Tabelle Abb. 36 aus Firmenunterlagen zusammengestellt. Die Abhängigkeit der Motordrehzahl von der Ankerspannung, hier als Verstärkung K_M bezeichnet, kann, wenn sie nicht in Datenblättern angegeben ist, aus der Leerlaufkennlinie ermittelt werden. Durch gleichzeitiges Messen des aufgenommenen Ankerstromes kann der Spannungsabfall über den Ankerwiderstand berücksichtigt und damit die drehzahlproportionale Anker-EMK berechnet werden. Es genügt jedoch, die Steigung der Leerlauflinie als Verstärkung anzunehmen, da der Fehler nur etwa 5% beträgt.

Das dynamische Verhalten der Stellmotoren ist aus den Frequenzgängen Abb. 37 ersichtlich. Durch die Belastung der Motoren mit dem zusätzlichen, auf die Motorwelle reduzierten Trägheitsmoment von Getriebe, Spindel und Tisch verschieben sich die Grenzfrequenzen der Motoren zu niedrigeren Werten.
Gegenüber 35 Hz bei Motor A bzw. 18 Hz bei Motor B liegen die Grenzfrequenzen bei 6 bzw. 10 Hz (Abb. 38).

Die relativ große Verringerung der Eckfrequenz von Motor A gegenüber Motor B liegt an dem Einfluß der zusätzlichen, reduzierten Trägheitsmomente. Bei dem sehr geringen Eigenträgheitsmoment von Motor A wirkt sich die Belastung durch das reduzierte Trägheitsmoment von Getriebe, Spindel und Tisch wesentlich stärker aus als bei Motor B, dessen Rotorträgheitsmoment, verglichen mit dem von Motor A etwa das Zehnfache beträgt. Aus Abb. 38 ist weiterhin ersichtlich, daß die auf die Ankerspannung bezogene Winkelgeschwindigkeit bei Motor B, wie zu erwarten, geringer ist als bei Motor A. Dennoch entspricht das Verhältnis der erzielten Winkelgeschwindigkeiten nicht dem Verhältnis der Verstärkungsfaktoren. Als Ursache ist hier wieder das relativ große Reibmoment anzusehen, da wegen der Reibbelastung das vom Stellmotor entwickelte Drehmoment nicht zur Massenbeschleunigung genutzt werden kann.

Aus dem Frequenzgang ist auch die erste Resonanzstelle der mechanischen Übertragungsglieder bei 55 Hz gut zu erkennen. Sie wird hervorgerufen durch das Feder-Masse-System, das Spindel und Tisch bilden. Die mit dem Motor B festgestellte 2. Resonanzstelle bei 160 Hz wird durch das Getriebe verursacht. Das Ansteigen der bezogenen Winkelgeschwindigkeit um 0,1 rad/Vs nach der ersten Resonanzstelle wird durch das Spiel im Untersetzungsgetriebe bewirkt. Die Amplituden der Motorwelle sind oberhalb 60 Hz so klein, daß sie vom Spiel aufgenommen werden, die Abtreibswelle des Getriebes und damit die Spindel bleiben in Ruhe. Dadurch sinkt jedoch auch das Lastreibmoment am Motor.

Aus dem Frequenzgang des offenen Kreises (Abb. 39) kann die Verstärkung der Regelstrecke ermittelt werden. So ergibt sich bei 0,16 Hz ($\omega = 1\ s^{-1}$) eine Verstärkung für den Motor A von 3,2 mm/Vs bzw. 2,4 mm/Vs für den Motor B. Diese Werte weichen um 50% von den theoretisch zu erwartenden Werten ab. Wie aus dem Frequenzgang für die Winkelgeschwindigkeit der Motorwelle zu erkennen ist, sinkt auch hier die Verstärkung der Motoren um etwa 50%. Daraus folgt jedoch auch ein Absinken der Streckenverstärkung um den gleichen Betrag.

Diese Verringerung der Verstärkung wird durch die Reibbelastung verursacht. Eine Vergrößerung der Tischmasse hat keinen erheblichen Einfluß auf das Verhalten der Regelstrecke, da das reduzierte Trägheitsmoment am Motor sich nur unwesentlich ändert. Lediglich die mechanische Resonanzfrequenz sinkt bei einer Verdoppelung der Tischmasse um den Faktor $1/\sqrt{2}$. Da die erste mechanische Resonanzfrequenz etwa den acht- bis zehnfachen Wert der Eckfrequenz des Antriebssystems haben sollte, kann sich hieraus unter Umständen die Forderung nach einer steiferen Ausführung der mechanischen Übertragungselemente ergeben.

Einer Erhöhung der Lagersteifigkeit sind natürliche Grenzen gesetzt; es bleibt nur die Möglichkeit, eine Spindel größeren Durchmessers einzusetzen. Das wiederum bewirkt eine erhebliche Vergrößerung des auf die Motorwelle reduzierten Trägheitsmomentes.

6.2 Untersuchung des geschlossenen Kreises

Aus dem Drehzahlfrequenzgang des Tischantriebes (Abb. 38) sowie aus dem Frequenzgang des offenen Kreises (Abb. 39) kann auf das Verhalten des geschlossenen Regelkreises geschlossen werden. Danach ist zu erwarten, daß die Eckfrequenz des Antriebes mit Motor B höher als bei dem Antrieb mit Motor A liegt. Der höhere Verstärkungsfaktor der Regelstrecke mit Motor A hat keinen Einfluß, da die Gesamtverstärkung des Kreises über die Verstärkungsfaktoren der Vorverstärker stets so eingestellt werden kann, daß sich das gewünschte Übergangsverhalten für die Regelgröße ergibt.

Bei der Messung der Frequenzgänge wurde die Verstärkung des Kreises jeweils so eingestellt, daß die Regelgröße der Führungsgröße in möglichst kurzer Zeit, jedoch ohne

Überschwingen, folgt. Durch Auftrennen der Wegrückführung und Messen der Verfahrgeschwindigkeit bei vorgegebener Führungsgröße konnte die Geschwindigkeitsverstärkung des Kreises direkt ermittelt werden.

Aus dem Führungsfrequenzgang des Antriebes (Abb. 40) ergeben sich Eckfrequenzen von 6 Hz bzw. 9 Hz, je nach Geschwindigkeitsverstärkung und Gegenkopplung über die Rückführung der Stellgeschwindigkeit.

Abb. 41 zeigt die Übergangsfunktion des Kreises auf einen Sollwertsprung von 1 mm. Der Maschinenschlitten erreicht nach 100 ms seine neue Sollposition. Die dabei auftretende maximale Schlittengeschwindigkeit beträgt etwa 15 mm/s (90 cm/min).

Der untere Kurvenzug gibt den zeitlichen Verlauf des vom Motor aufgenommenen Ankerstromes wieder. Der Spitzenstrom beträgt über 50 A. Wie aus dem Verlauf des Ankerstromes weiterhin zu erkennen ist, nimmt der Leistungsverstärker beim Abbremsen des Motors elektrische Energie zurück, d. h., bei gleichem Vorzeichen der Ankerspannung kehrt sich das Vorzeichen des Ankerstromes um.

6.3 Positioniergenauigkeit

Der Einfluß der größeren Geschwindigkeitsverstärkung, die bei einem Regelkreis mit unterlagerter Geschwindigkeitsrückführung erreichbar ist, tritt besonders deutlich beim Positionieren zu Tage. Zur Messung der Positioniergenauigkeit wurde der Schlitten wiederholt um einen Weg s aus seiner Nullage ausgelenkt und wieder auf die Ausgangsposition zurückgefahren.

Abb. 42 zeigt die Streubreite des Positionierungsfehlers aufgetragen über jeweils 200 Positionierungen.

Für den oberen Kurvenzug beträgt der Verfahrweg 2 mm, bei dem unteren 0,5 mm. Bei beiden Meßreihen betrug die Geschwindigkeitsverstärkung 20 s^{-1}.

Wie man weiter aus den Diagrammen erkennt, ist bei den Meßreihen ein periodischer Fehler überlagert, der durch das unvermeidliche Driften der Gleichspannungsverstärker verursacht wird.

Bei der Meßreihe der Abb. 42b wurde, bei gleicher Geschwindigkeitsverstärkung, die Empfindlichkeit des trägerfrequent arbeitenden Meßsystems verdoppelt. Man erkennt deutlich, daß dadurch der Langzeitfehler verringert wird.

Aus den Messungen ergibt sich die Forderung, daß der größte Anteil der Kreisverstärkung durch die driftfreien trägerfrequent arbeitenden Übertragungsglieder bestimmt werden sollte. Gegenüber einer Streubreite von 10 µm bei dem einfachen Lageregelkreis sinkt der Positionierfehler beim Kreis mit unterlagerter Geschwindigkeitsrückführung auf 1...2 µm (Abb. 43).

Diese Einengung der Streubreite durch die größere Verstärkung, die mit unterlagerter Geschwindigkeitsrückführung möglich ist, geht besonders anschaulich aus der Abb. 44 hervor.

Wie bereits gezeigt, hat die Reibung einen erheblichen Einfluß auf die Positioniergenauigkeit, da stets eine durch die Haftreibung bedingte Regelabweichung auftritt (Gl. 81). Dieser Einfluß ist aus den Oszillogrammen der Abb. 45, die den zeitlichen Verlauf von Führungs- und Regelgröße zeigen, gut zu erkennen. Die Amplitude der Führungsgröße betrug im Falle a) 20 µm und im Falle b) 200 µm. Bei der kleinen Aussteuerung sieht man deutlich die Abflachung im Verlauf der Regelgröße. Die Regelabweichung beträgt dabei 2,5 µm.

Aus Gl. (81) ergibt sich bei Einsetzen der Daten des Antriebes mit guter Übereinstimmung eine Abweichung von 3,1 µm.

Aus den Messungen wird deutlich, daß mit einem Folgesystem mit Gleichstrommotor und unterlagerter Rückführung der Stellgeschwindigkeit ein Positionieren mit einer maximalen Abweichung von 5 µm erreichbar ist. Dabei sind keinerlei Korrekturnetzwerke, die die Verstärkung bei hohen Frequenzen vermindern sollen, erforderlich. Die erzielten Ergebnisse können auch für erhöhte Genauigkeitsanforderungen an Vorschubantriebe für Werkzeugmaschinen als ausreichend angesehen werden.

6.4 Eigenschaften des Regelkreises bei kleinen Verfahrgeschwindigkeiten

Bei sehr niedrigen Verfahrgeschwindigkeiten besteht die Möglichkeit, daß die Tischbewegung nicht mehr gleichförmig verläuft, so daß dadurch Ungenauigkeiten bei der Bearbeitung eines Werkstückes hervorgerufen werden können. Diese Ungleichförmigkeiten können unterschiedliche Ursachen haben. Einmal ist die untere Drehzahl des Stellmotors begrenzt durch die Polzahl der Maschine und durch die Nutung des Ankers. Als untere Drehzahlgrenze, bei der die Drehung des Ankers noch gleichförmig verläuft, können beim Gleichstrommotor etwa 50...60 U/min angesehen werden. In einem Drehzahlregelkreis können tiefste Drehzahlen von etwa 5...10 U/min erreicht werden.

Als weitere Ursache für eine Ungleichförmigkeit bei niedrigen Verfahrgeschwindigkeiten können Stick-Slip-Erscheinungen in den mechanischen Übertragungselementen und an den Tischführungen auftreten. Bei hydrostatischen Führungen kann dieser Einfluß jedoch vermieden werden.

Zur Untersuchung des Verhaltens eines Folgeregelkreises bei kleinen Verfahrgeschwindigkeiten wurde als Führungsgröße eine Sinusschwingung von 0,005 Hz gewählt, deren Amplituden Verfahrwegen von 0,1 und 1 mm entsprechen. Die Geschwindigkeitsverstärkung des Kreises betrug bei allen Messungen 48 s^{-1}.

In Abb. 46 sind Führungsgröße, Regelgröße und Winkelgeschwindigkeit des Stellmotors als Funktionen der Zeit aufgetragen. Die maximale Verfahrgeschwindigkeit betrug 3,14 µm/s bzw. 31,4 µm/s. Bei diesen extrem kleinen Geschwindigkeiten folgt die Regelgröße der Führungsgröße nicht mehr stetig, sondern in Form einer Treppenkurve, wobei Regelabweichungen bis zu 2 µm auftreten. Am Verlauf der Winkelgeschwindigkeit der Motorwelle erkennt man die starken Schwankungen, die der sinusförmigen Bewegung unterlagert sind. Die hohen Spitzen bei den Nulldurchgängen der Geschwindigkeit werden durch das Spiel im Untersetzungsgetriebe verursacht. Bezogen auf die Tischbewegung betrug der tote Gang des Getriebes bei dem untersuchten Antrieb 30 µm. Bei den Umkehrpunkten pendelt der Motor innerhalb dieses Spieles.

Der Einfluß des toten Ganges wird bei größeren Verfahrgeschwindigkeiten deutlicher. Bei zehnfacher Sollwertamplitude (bzw. zehnfacher Verfahrgeschwindigkeit) ist die Drehzahlspitze besonders gut zu erkennen. Nach dem Nulldurchgang der Geschwindigkeit muß der Stellmotor zunächst die Haftreibung überwinden und durchläuft dann das Spiel des Getriebes.

Infolge des Trägheitsmomentes ist nach dem Durchlaufen des Spiels die Winkelgeschwindigkeit des Rotors größer als sie dem Sollwert entspricht, der Motor wird daher zunächst wieder abgebremst.

Auf die Regelgröße selbst haben die Drehzahlschwankungen des Stellmotors keinen meßbaren Einfluß.

Aus den Messungen ist zu schließen, daß selbst bei extrem niedrigen Verfahrgeschwindigkeiten von etwa 3 µm/s die Folgefehler, die durch Stick-Slip-Effekte oder ungleichförmigen Lauf des Stellmotors hervorgerufen werden, nicht größer als 2 µm werden.

6.5 Folgerungen

Die Versuche an einem Vorschubantrieb zeigten, daß mit einem Folgeregelkreis mit Gleichstrommotoren gute, mit hydraulischen Antrieben vergleichbare Ergebnisse zu erzielen sind. Bei dem Drehzahlfrequenzgang der Stellmotoren konnten bis zu Frequenzen von 250 Hz noch Oszillationen der Motorwelle festgestellt werden. Dies wird nicht zuletzt durch die hohe Ausgangsleistung des Leistungsverstärkers ermöglicht, bei dem bei diesen Frequenzen kein Amplitudenabfall der Ausgangsspannung auftritt.

Bei dem Regelkreis mit unterlagerter Geschwindigkeitsrückführung trat im Führungsfrequenzgang erst bei 8 Hz ein Amplitudenabfall auf. Gegenüber den häufig geforderten Eckfrequenzen von 3 Hz für Regelantriebe mit Gleichstrommotoren [14] ist dies ein sehr gutes Ergebnis, das den Schluß zuläßt, daß bei günstiger Auslegung des gesamten Antriebs generell bessere Ergebnisse zu erzielen sind.

Die Versuchsreihen über die Positioniergenauigkeit zeigen für die meisten Anwendungsfälle ausreichende Ergebnisse. Bei sehr hohen Anforderungen an die Genauigkeit sollte der Großteil der Kreisverstärkung in trägerfrequent arbeitende Meßsysteme oder Zwischenverstärker gelegt werden, weil dadurch der Einfluß der Drift von Gleichspannungsverstärkern vermindert werden kann.

Es ist weiterhin zu beachten, daß mit steigender Anforderung an die Genauigkeit der Anteil der Motorbelastung durch Reibung möglichst gering sein soll. Je nach erforderlicher Genauigkeit sollte das auf die Motorwelle reduzierte Reibmoment nur 10 bis maximal 20% des Motornennmomentes betragen.

Das Verhalten von Regelkreisen bei kleinen Verfahrgeschwindigkeiten kann durch eine spielfreie Ausführung der Untersetzungsgetriebe wesentlich verbessert werden.

Bei dem Versuchsantrieb wurden seriengefertigte Getriebe ohne Vorspannung verwendet. Der tote Gang betrug, bezogen auf den Verfahrweg des Tisches 30 μm. Obwohl dieses Spiel unverhältnismäßig groß ist, und durch Vorspannen erheblich verringert werden kann, sind die mit der einfachen Ausführung des Getriebes erzielten Ergebnisse für viele Anwendungsfälle ausreichend.

7. Zusammenfassung

Gleichstromnebenschlußmotoren können zusammen mit geeigneten Leistungsverstärkern vorteilhaft als Vorschubantriebe numerisch gesteuerter Werkzeugmaschinen eingesetzt werden. Durch besondere Konstruktion der Motoren und optimale Auslegung der mechanischen Übertragungsglieder läßt sich die mechanische Zeitkonstante des Antriebes hinreichend klein halten.

Die guten dynamischen Eigenschaften können jedoch nur bei Ansteuerung der Stellmotoren mit einem trägheitslos arbeitenden Leistungsverstärker genutzt werden. Da alle bisher üblichen Verstärker wie Leonardgenerator oder Gleich-Wechselrichteranlagen diese Anforderung nur unvollkommen erfüllen, wurde zur Ansteuerung der Motoren ein Gleichspannungsverstärker mit Transistoren entwickelt. Mit dem neuen Leistungsverstärker ist ein Vierquadrantenbetrieb möglich; er arbeitet trägheitslos und kann die hohen Anfahrströme beim Beschleunigen des Antriebes abgeben.

Nach einer Abschätzung der erforderlichen Antriebsleistung bei gegebenen mechanischen Daten des Antriebes wurden die theoretischen Zusammenhänge für ein Folgeregelsystem mit Gleichstrommotoren abgeleitet.

Die Einflüsse von Nichtlinearitäten wie Begrenzungen, Totzonen und Reibung wurden rechnerisch erfaßt und mit den Ergebnissen des idealen Systems verglichen.

Die Überprüfung der theoretisch abgeleiteten Zusammenhänge ergab eine gute Übereinstimmung mit den Versuchsergebnissen. Es konnte gezeigt werden, daß bei Vorschubantrieben mit Gleichstrommotoren gute Ergebnisse hinsichtlich Genauigkeit und Dynamik zu erzielen sind.

8. Literaturverzeichnis

[1] Opitz, H., Autorenkollektiv, Vorschubantriebe, Lagerungen – Führungen. VDW-Konstrukteur-Arbeitstagung 1966.
[2] Truxal, J. G., Control Engineers Handbook. McGraw Hill, New York, 1958.
[3] Bock, L., und H. Böddeker, Gleichstromantriebe für den Werkzeugmaschinenvorschub mit hohem Beschleunigungsvermögen über einen großen Drehzahlbereich. Siemens-Zeitschrift, 1964.
[4] Dinkler, H., Semiduktor-Geräte für Gleichstromantriebe. AEG-Mitteilungen, 1966.
[5] Dinkler, H., Veritron Speiseeinheiten für Gleichstromantriebe. BBC, Mannheim, 1967.
[6] Dinkler, H., Sciakydyne Servo Systems. Sciaky Bros., Inc., Chicago.
[7] Dinkler, H., Characterization of Second Breakdown in Silicon Power Transistors. – Second Breakdown in Transistors under Conditions of Cutoff. – RCA Electronic Components and Olvius, Harrison.
[8] Nixon, F. E., Principles of Automatic Control. Macmillan & Co., Ltd., London, 1958.
[9] Oppelt, W., Kleines Handbuch technischer Regelvorgänge. Verlag Chemie GmbH, Weinheim, 1964.
[10] Schäfer, O., Grundlagen der selbsttätigen Regelung. Technischer Verlag, Gräfelfing.
[11] Solodownikow, W. W., Grundlagen der selbsttätigen Regelung. R. Oldenbourg Verlag, München.
[12] Gröschel, E., Ein Verfahren zur Ermittlung der Frequenzkennlinien geschlossener Systeme, die eine Nichtlinearität enthalten. Regelungstechnik, 1966.
[13] Schönfeld, R., Einfluß der Getriebelose auf Stabilität und Genauigkeit von Lageregelkreisen. Messen, Steuern, Regeln, 1965.
[14] Dutcher, J. L., Maschinengestaltung und Regelantriebe für numerische Steuerungen. General Electric.

Anhang

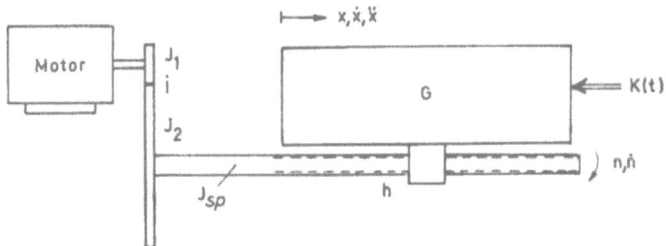

Abb. 1 Aufbau eines Vorschubantriebes

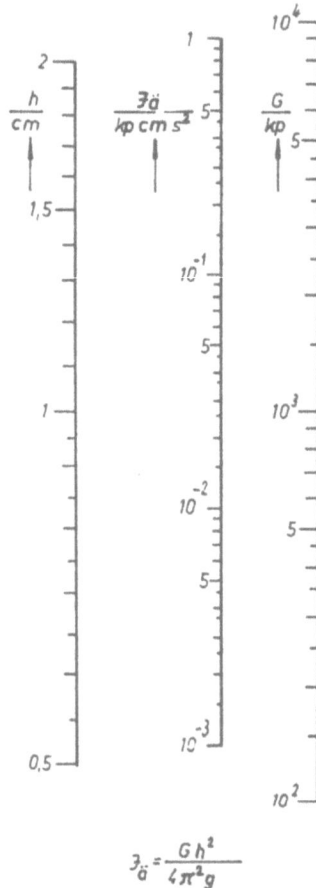

Abb. 2 Nomogramm zur Bestimmung des äquivalenten Trägheitsmomentes

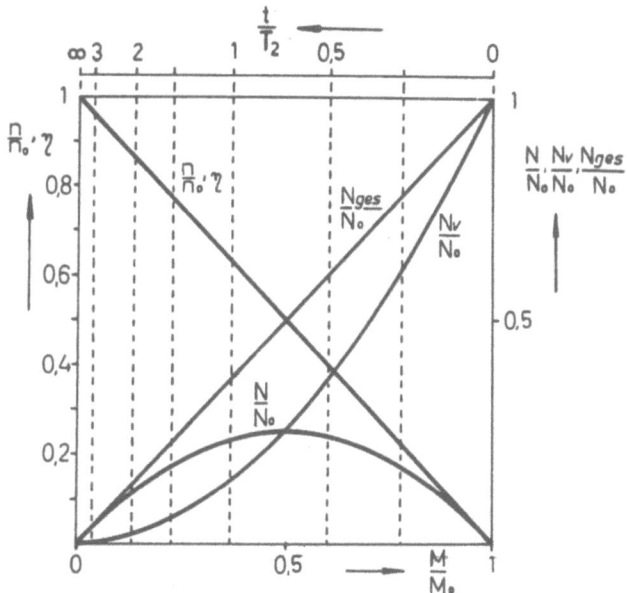

Abb. 3 Verlauf von Drehzahl, Leistung und Wirkungsgrad beim Gleichstromnebenschlußmotor

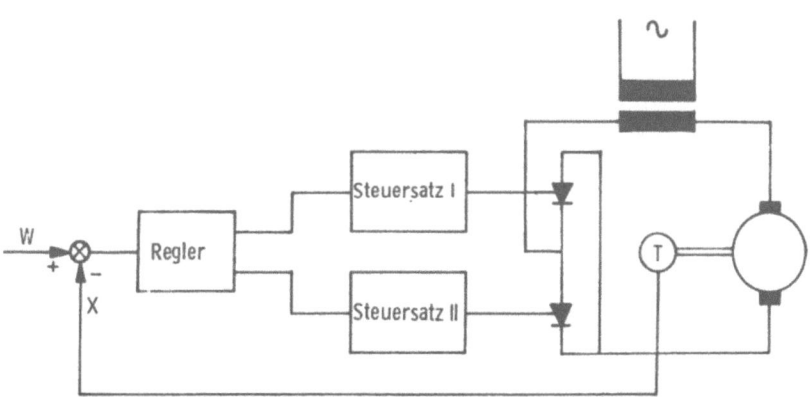

Abb. 4 Einpulsige Ankerspannungsregelung

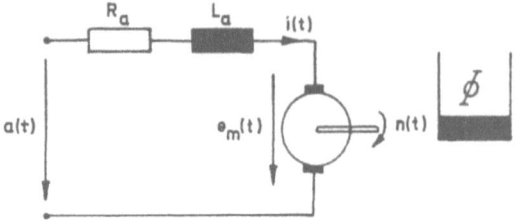

Abb. 5 Ersatzbild des Gleichstrommotors

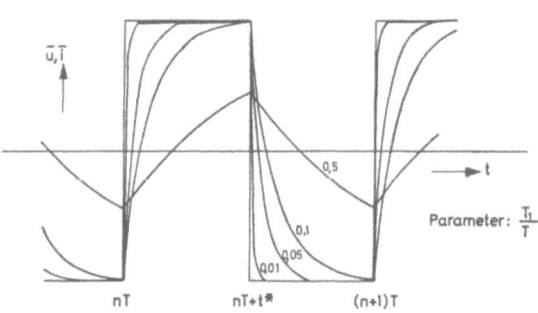

Abb. 6 Zeitlicher Verlauf des Ankerstromes

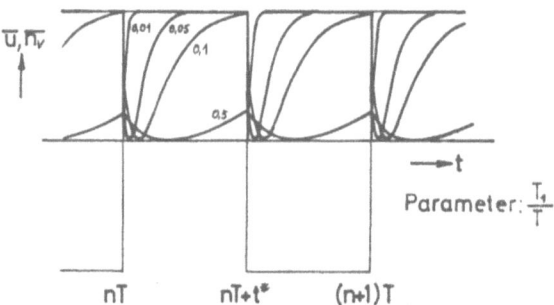

Abb. 7 Zeitlicher Verlauf der Verlustleistung

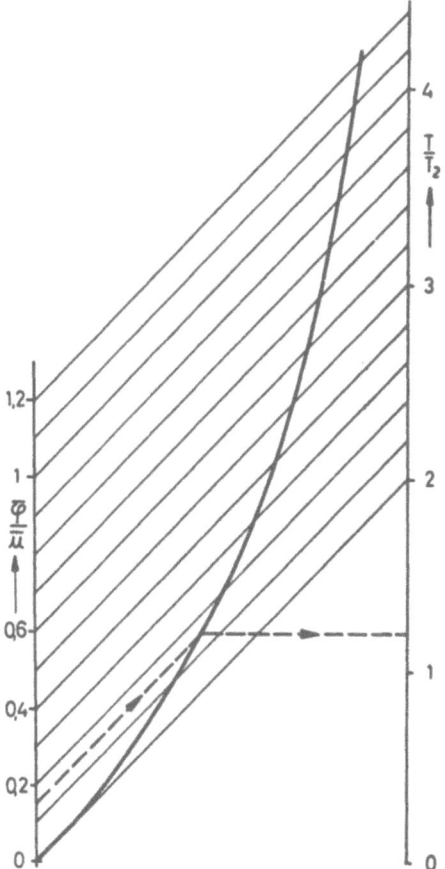

Abb. 8 Nomogramm zur Bestimmung der Taktfrequenz

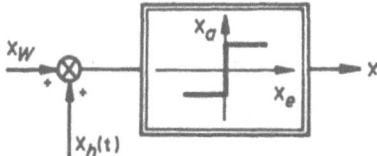

Abb. 9 Ersatzbild des Impulsbreitenmodulators

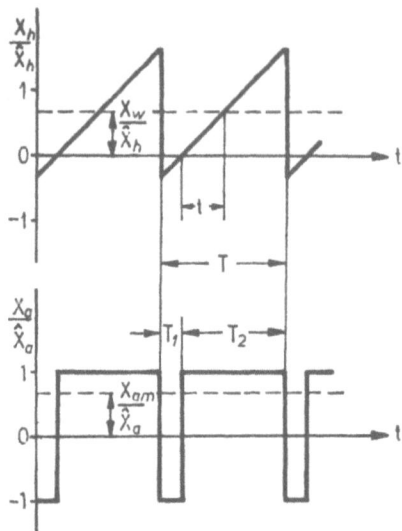

Abb. 10 Verlauf von Eingangs- und Ausgangsgrößen eines Impulsbreitenmodulators

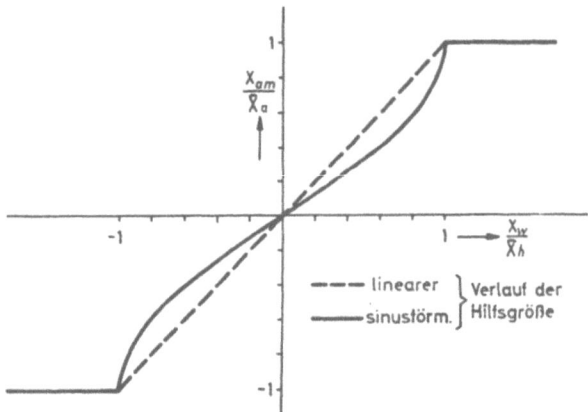

Abb. 11 Übertragungsverhalten des Impulsgliedes

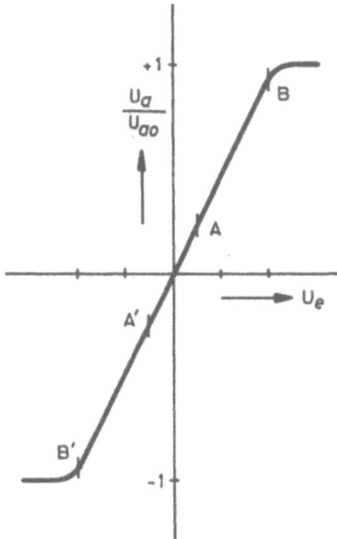

Abb. 12 Aussteuerkennlinie eines Leistungsverstärkers

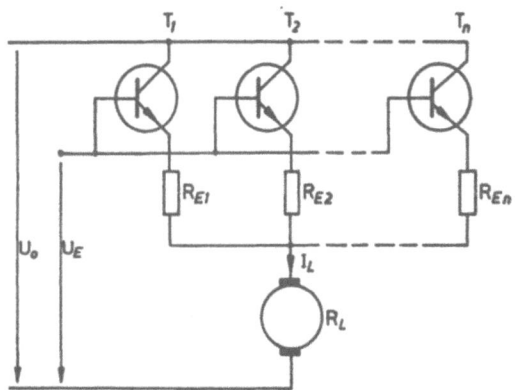

Abb. 13 Parallelschaltung von Transistoren

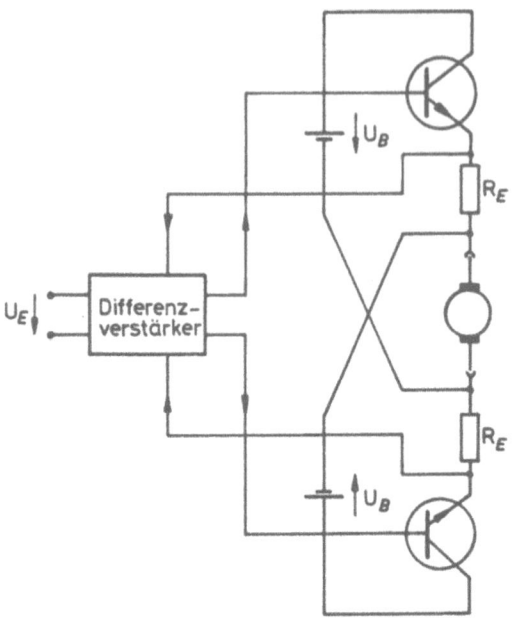

Abb. 14 Schematischer Aufbau des Leistungsverstärkers

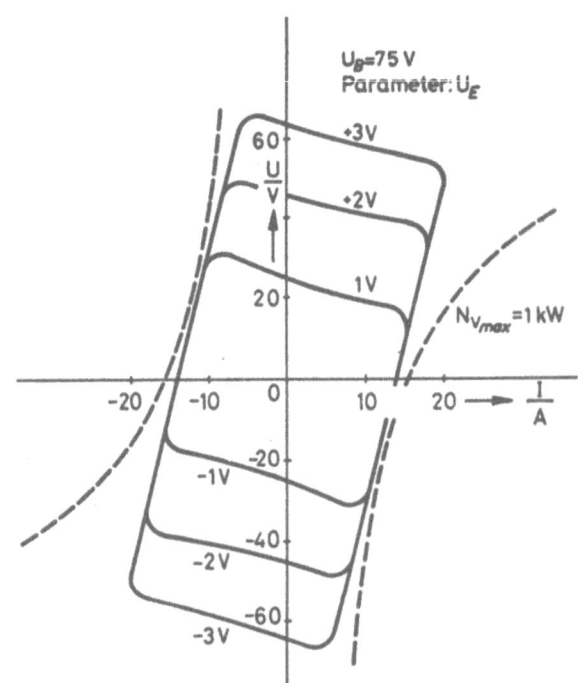

Abb. 15 Statische Belastungskennlinien des Leistungsverstärkers

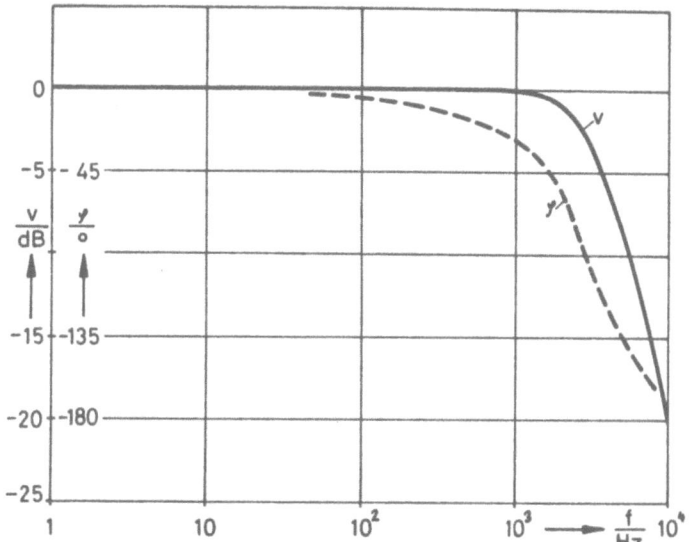

Abb. 16 Frequenzgang des Leistungsverstärkers

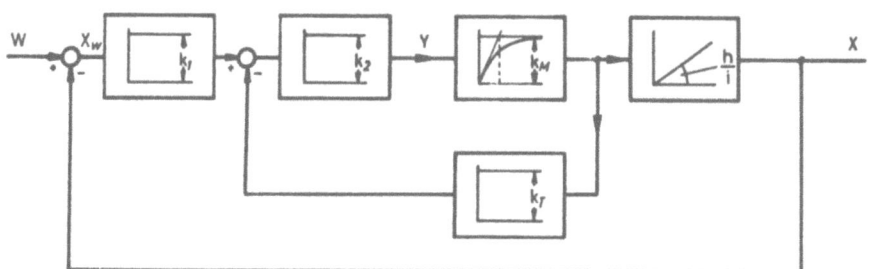

Abb. 17 Aufbau eines Folgeregelkreises

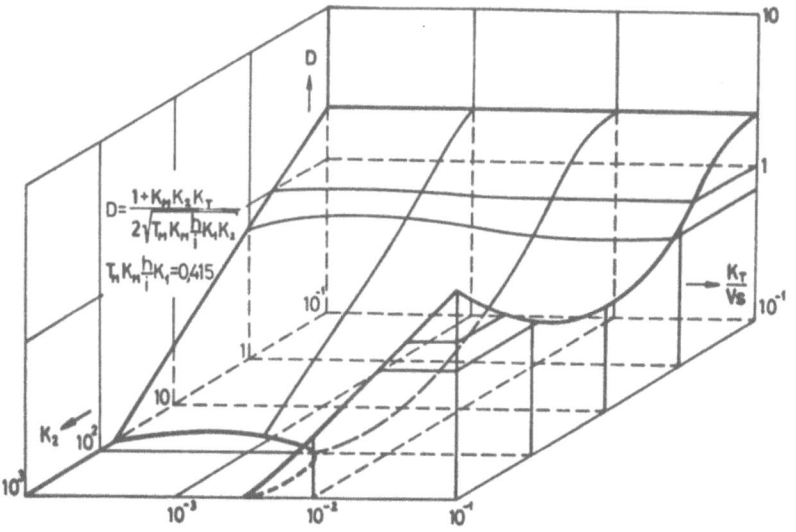

Abb. 18 Verlauf der Dämpfung als Funktion der Verstärkung und der Gegenkopplung

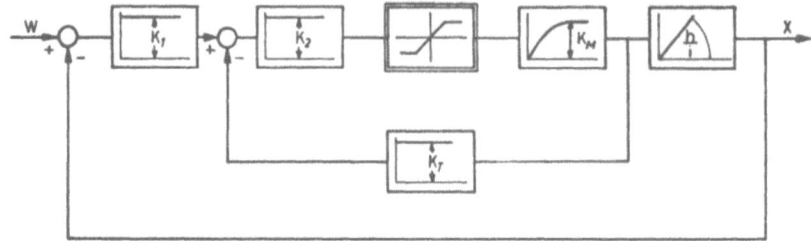

Abb. 19 Folgesystem mit Begrenzung der Stellgröße

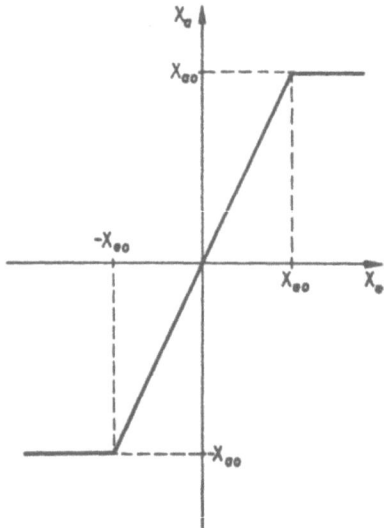

Abb. 20 Begrenzerkennlinie

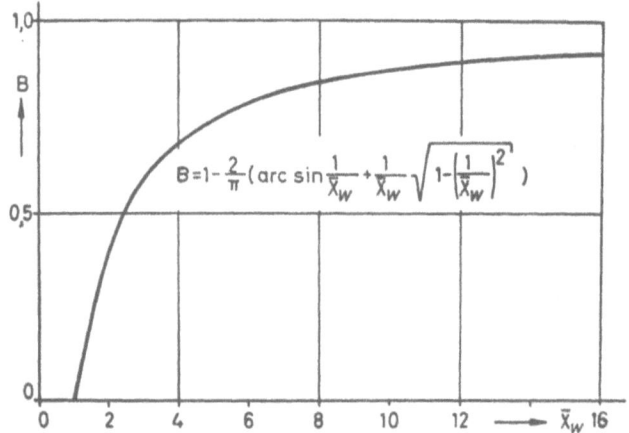

$$B = 1 - \frac{2}{\pi}\left(\arcsin\frac{1}{\bar{x}_W} + \frac{1}{\bar{x}_W}\sqrt{1-\left(\frac{1}{\bar{x}_W}\right)^2}\right)$$

Abb. 21 Beschreibungsfunktion der Begrenzerkennlinie

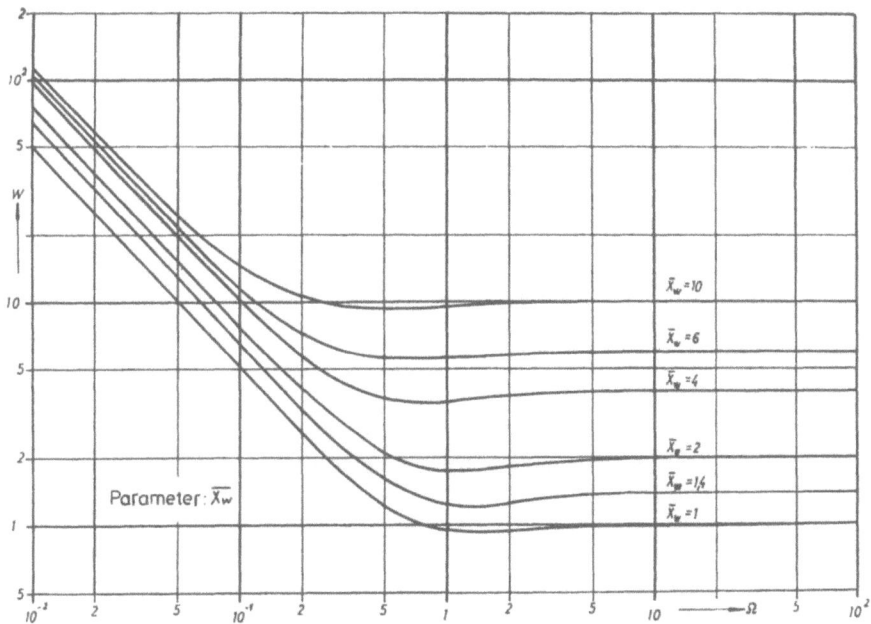

Abb. 22 Verlauf der bezogenen Führungsgröße $\bar{w}$ bei Begrenzung

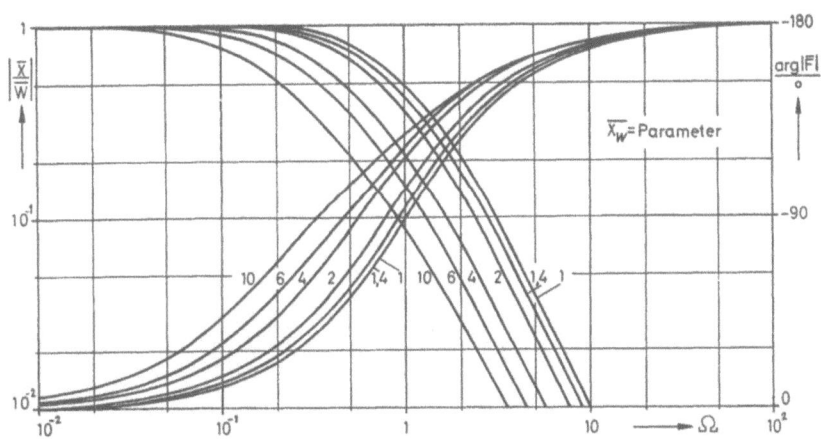

Abb. 23 Führungsfrequenz mit Begrenzung

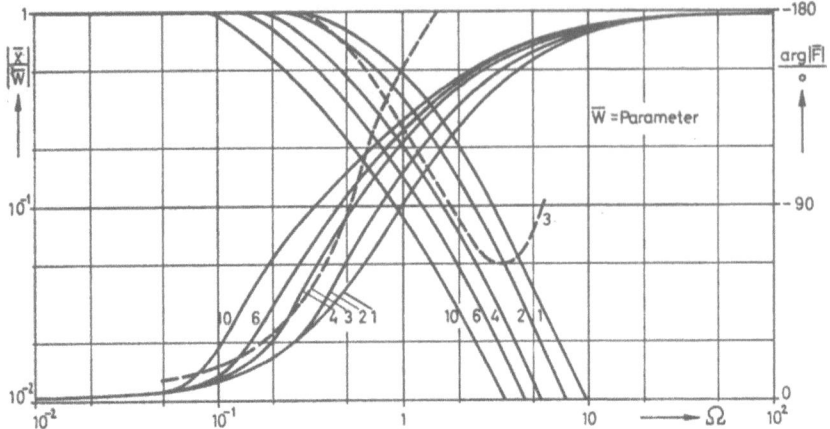

Abb. 24 Führungsfrequenzgänge mit Begrenzung bei verschiedenen Amplituden der Führungsgröße

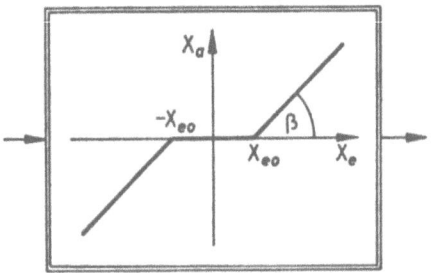

Abb. 25 Totzone

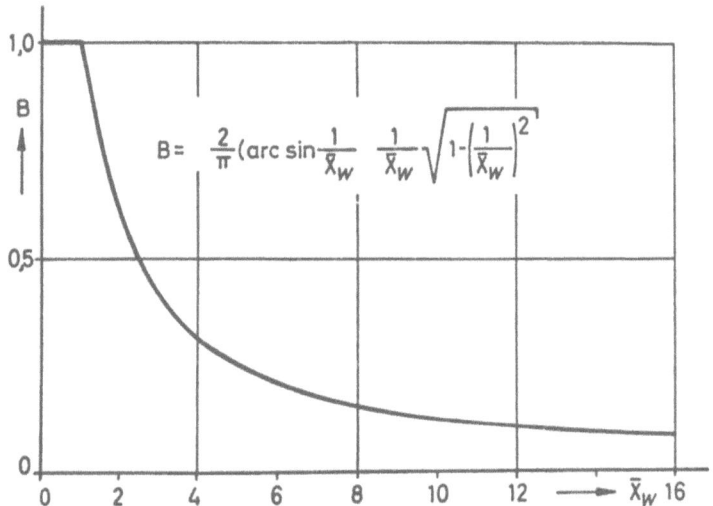

$$B = \frac{2}{\pi}\left(\arcsin\frac{1}{\bar{X}_W} + \frac{1}{\bar{X}_W}\sqrt{1-\left(\frac{1}{\bar{X}_W}\right)^2}\right)$$

Abb. 26 Beschreibungsfunktion der Totzone

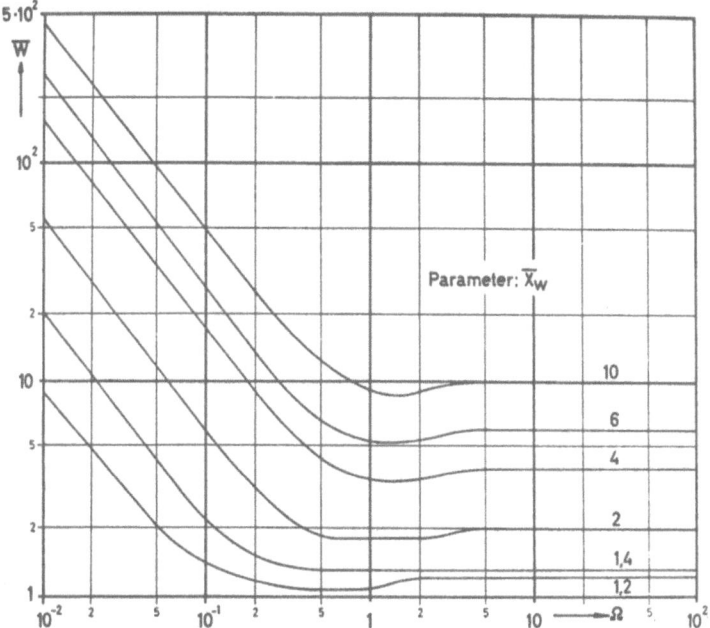

Abb. 27 Verlauf der bezogenen Führungsgröße $\bar{w}$ bei Totzonen

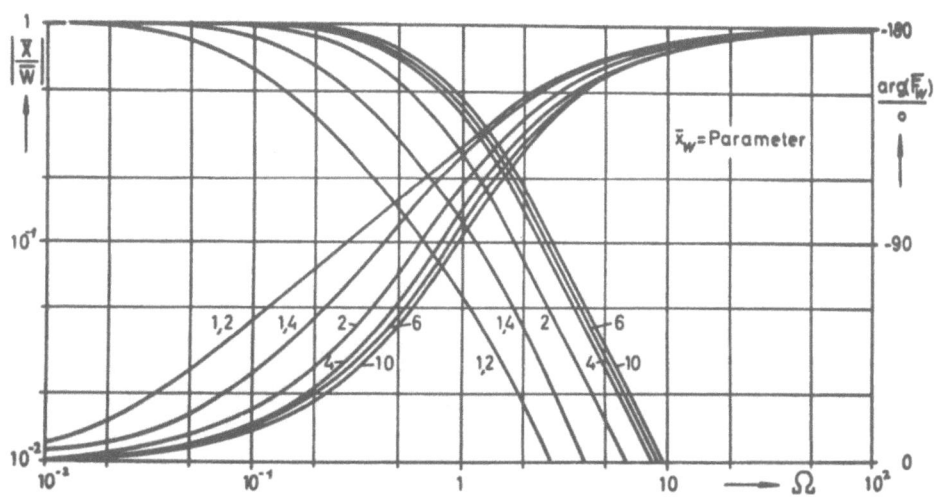

Abb. 28 Führungsfrequenzgänge mit Totzone

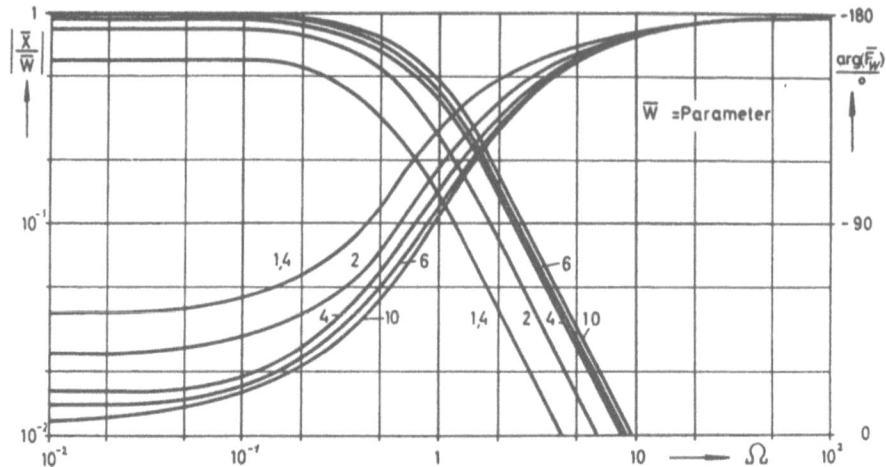

Abb. 29 Führungsfrequenzgänge mit Totzone bei verschiedenen Amplituden der Führungsgröße

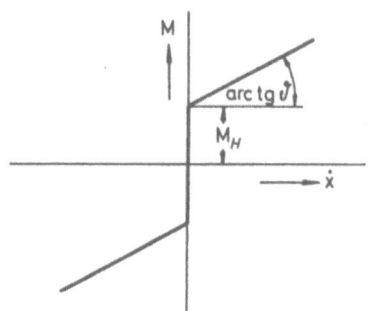

Abb. 30 Angenäherter Verlauf des Reibmomentes

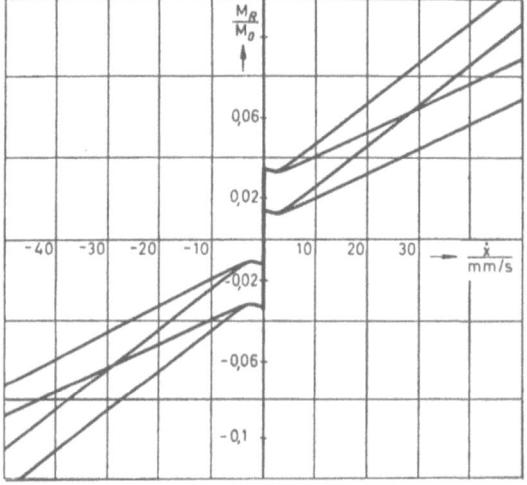

Abb. 31 Nachbildung verschiedener Reibungskennlinien

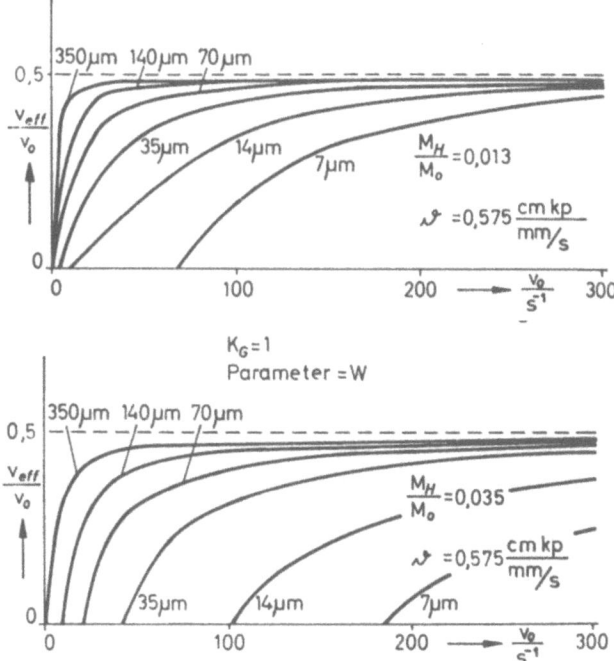

Abb. 32 Einfluß der Reibung auf die Geschwindigkeitsverstärkung eines Folgesystems

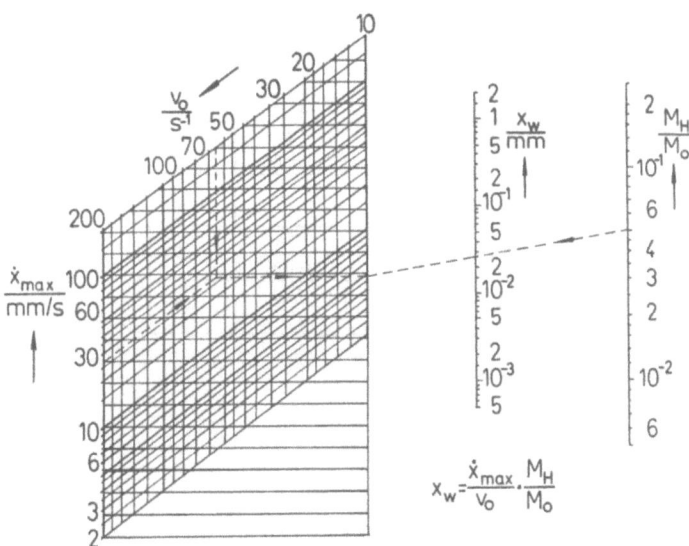

Abb. 33 Nomogramm zur Bestimmung der bleibenden Regelabweichung

Abb. 34 Vorschubantrieb mit Gleichstrommotor

Tischgewicht	$\frac{G}{kp}$	1000
Spindeldurchmesser	$\frac{d}{mm}$	61
Spindellänge	$\frac{L}{mm}$	2450
Spindelträgheitsmoment	$\frac{J}{pcm\,s^2}$	842
Spindelsteigung	$\frac{h}{mm}$	10
Getriebeübersetzung	i	13,4
Haftreibmoment	$\frac{M_H}{cmkp}$	5,5
1. mechan. Resonanzfrequenz	$\frac{f_{res}}{Hz}$	55

Abb. 35 Mechanische Kenngrößen

Kenngröße		Motor A	Motor B	Motor C
Nennmoment	$\frac{M}{cmkp}$	13	60	18,3
Kurzschlußmoment	$\frac{M_0}{cmkp}$	130	460	153
Nenndrehzahl	$\frac{n}{min^{-1}}$	3000	3000	2500
Maximaldrehzahl	$\frac{n_0}{min^{-1}}$	5000	4500	4500
Nennleistung	$\frac{N}{W}$	390	1800	540
Verstärkung	$\frac{K_M}{rad/VS}$	5,8	4,3	4,5
Ankerwiderstand	R_a	0,88	0,8	1,1
Trägheitsmoment	$\frac{J}{pcms^2}$	1,63	19,6	7,15
Elektr. Zeitkonstante	$\frac{T_1}{ms}$	0,61	2	0,1
Mech. Zeitkonstante	$\frac{T_2}{ms}$	4,6	10	12
Dämpfung	$\frac{d}{pcms}$	14,3		39,3
Verlustreibmoment	$\frac{M_R}{cmkp}$	0,5		0,57

Abb. 36 Kenndaten verschiedener Gleichstromnebenschlußmotoren

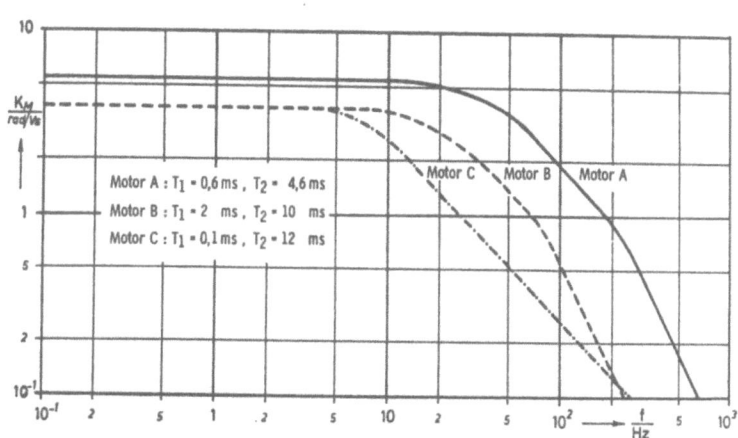

Abb. 37 Drehzahlfrequenzgang von Gleichstrommotoren

45

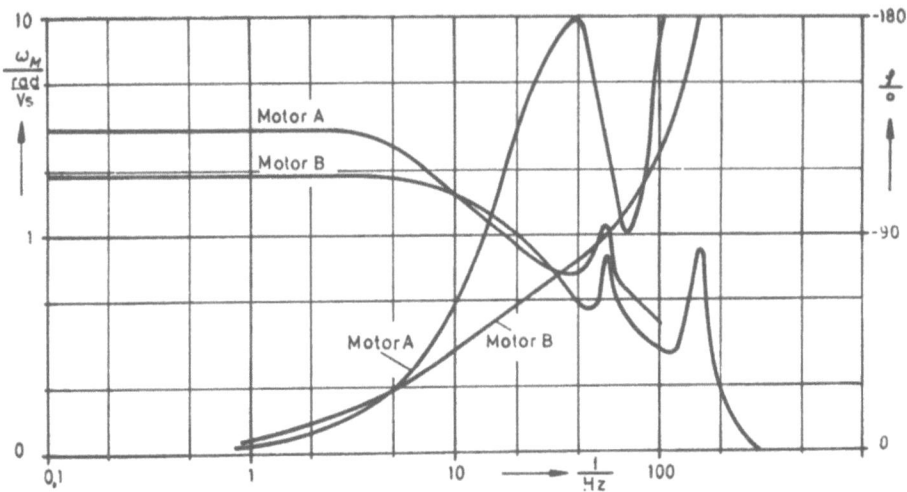

Abb. 38 Drehzahlfrequenzgang des Tischantriebes

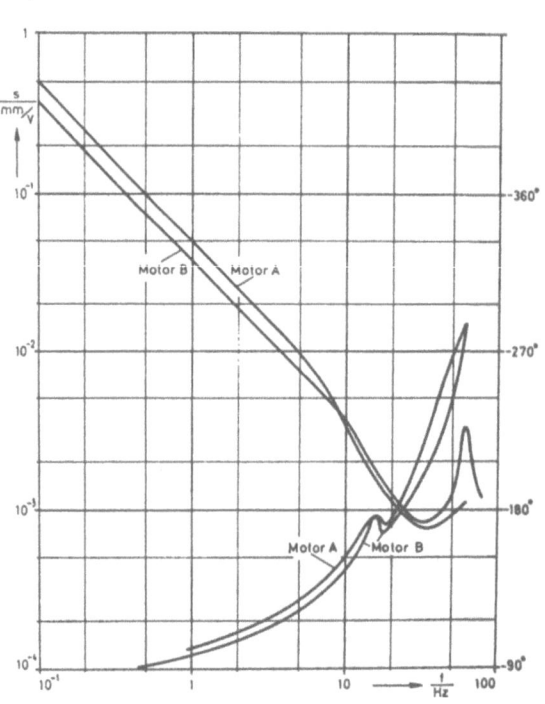

Abb. 39 Frequenzgang des offenen Kreises

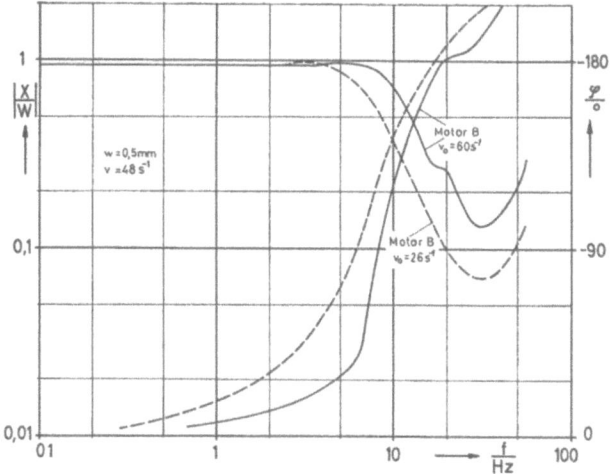

Abb. 40 Führungsfrequenzgang des Folgesystems

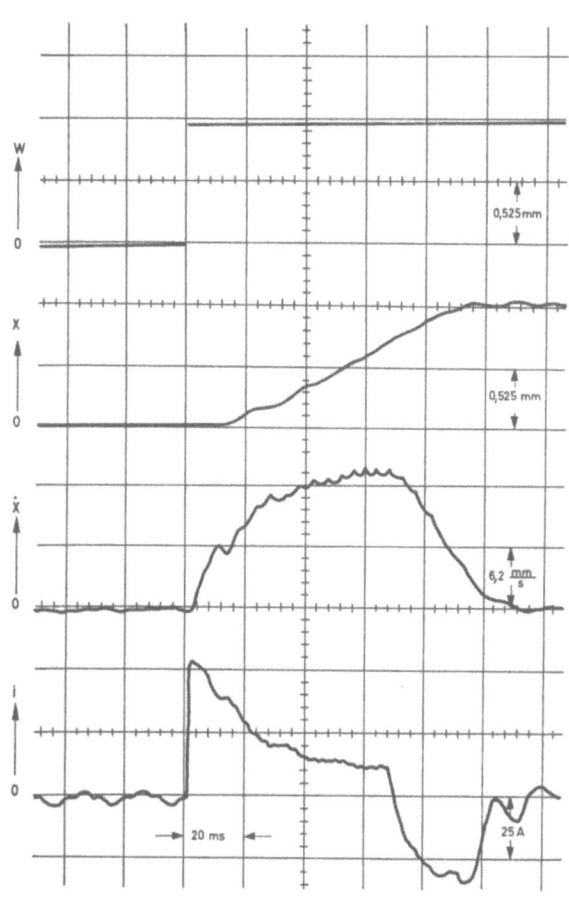

Abb. 41 Zeitlicher Verlauf von Weg, Motordrehzahl und Ankerstrom bei einem Sollwertsprung von 1 mm

47

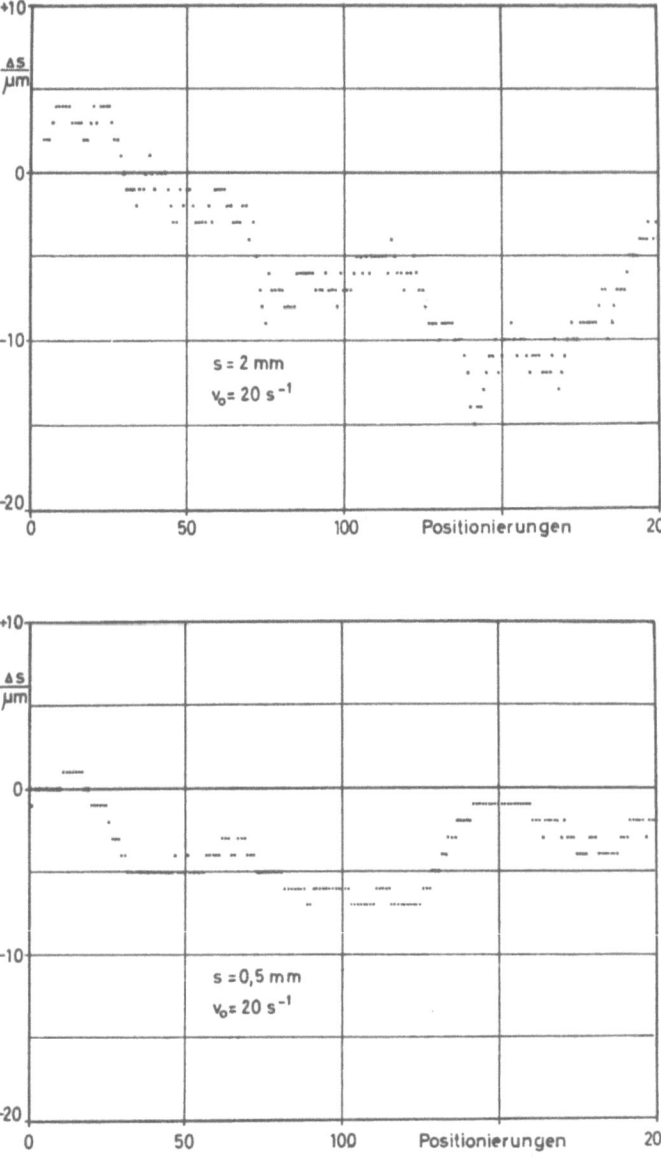

Abb. 42 Streubreite des Positionierfehlers

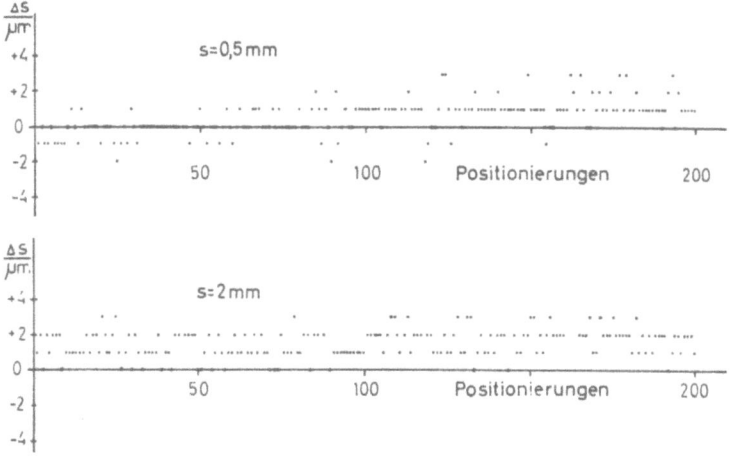

Abb. 43 Positionierfehler beim Regelkreis mit unterlagerter Geschwindigkeitsführung

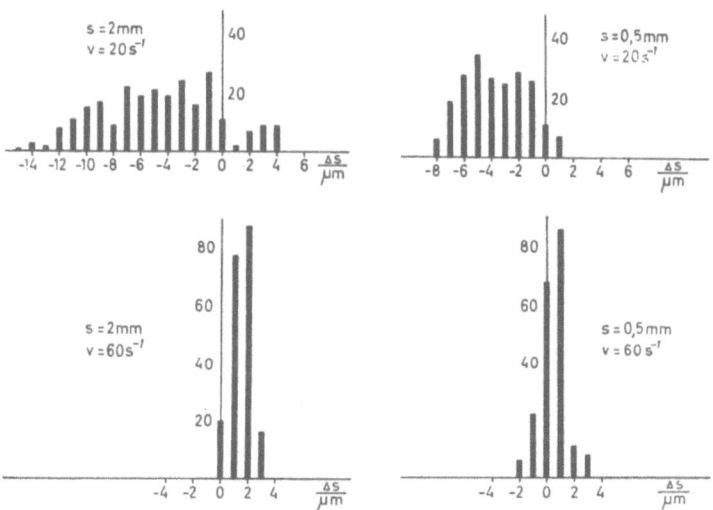

Abb. 44 Häufigkeitsverteilung des Positionierfehlers

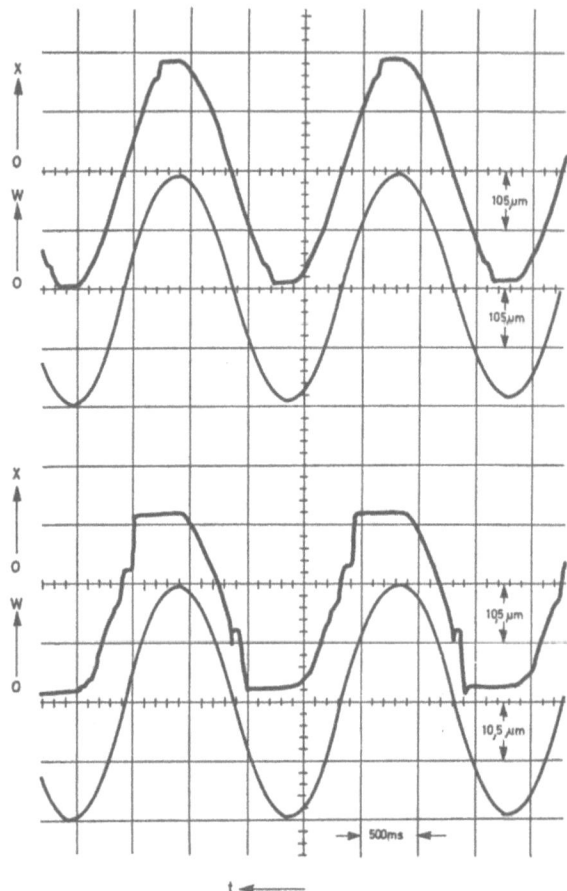

Abb. 45 Verlauf von Führungs- und Regelgröße bei Reibung

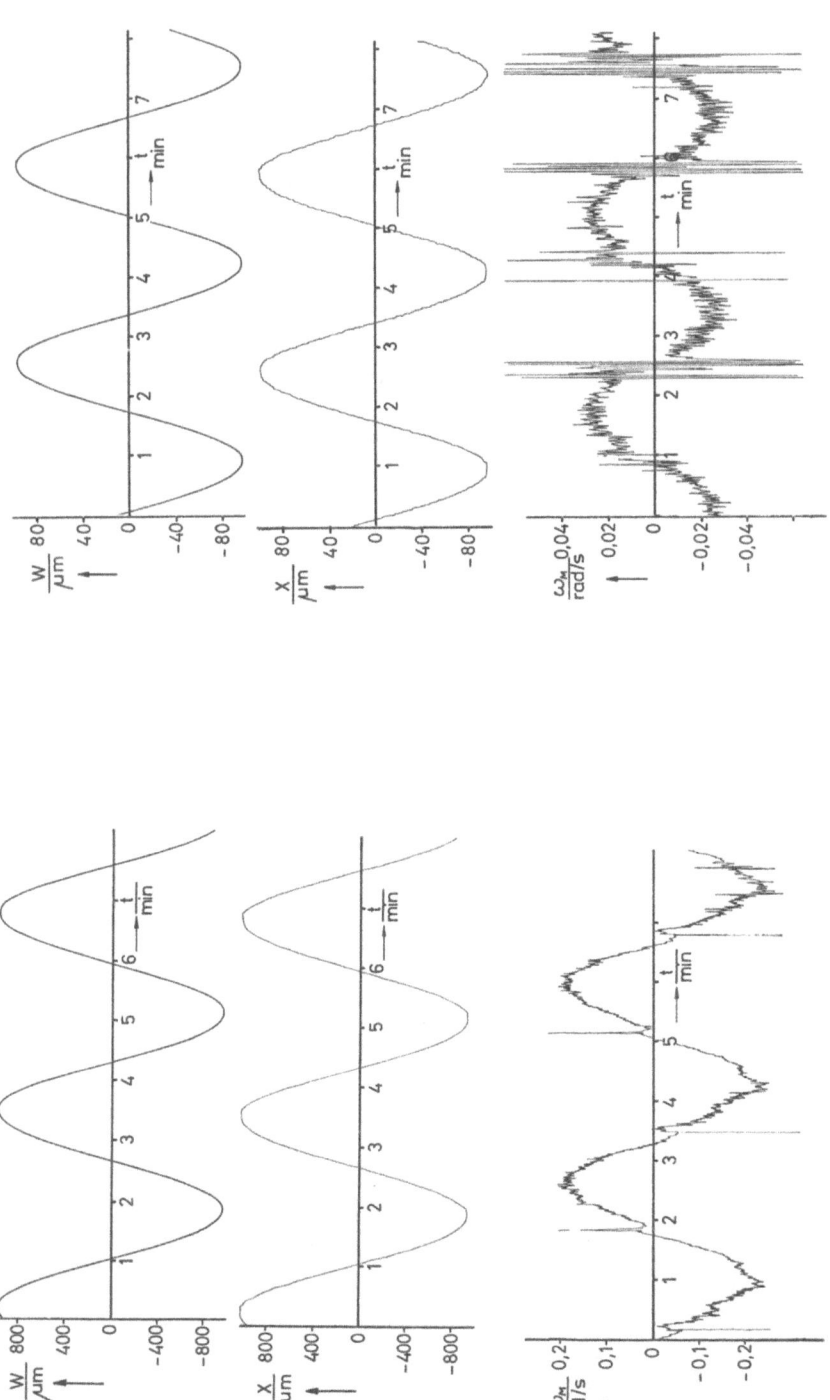

Abb. 46 Verlauf von Führungsgröße, Regelgröße und Winkelgeschwindigkeit des Stellmotors bei kleinen Verfahrgeschwindigkeiten

Forschungsberichte des Landes Nordrhein-Westfalen

Herausgegeben im Auftrage des Ministerpräsidenten Heinz Kühn
von Staatssekretär Professor Dr. h. c. Dr. E. h. Leo Brandt

Sachgruppenverzeichnis

Acetylen · Schweißtechnik
Acetylene · Welding gracitice
Acétylène · Technique du soudage
Acetileno · Técnica de la soldadura
Ацетилен и техника сварки

Arbeitswissenschaft
Labor science
Science du travail
Trabajo científico
Вопросы трудового процесса

Bau · Steine · Erden
Constructure · Construction material ·
Soil research
Construction · Matériaux de construction ·
Recherche souterraine
La construcción · Materiales de construcción ·
Reconocimiento del suelo
Строительство и строительные материалы

Bergbau
Mining
Exploitation des mines
Minería
Горное дело

Biologie
Biology
Biologie
Biologia
Биология

Chemie
Chemistry
Chimie
Quimica
Химия

Druck · Farbe · Papier · Photographie
Printing · Color · Paper · Photography
Imprimerie · Couleur · Papier · Photographie
Artes gráficas · Color · Papel · Fotografía
Типография · Краски · Бумага · Фотография

Eisenverarbeitende Industrie
Metal working industry
Industrie du fer
Industria del hierro
Металлообрабатывающая промышленность

Elektrotechnik · Optik
Electrotechnology · Optics
Electrotechnique · Optique
Electrotécnica · Optica
Электротехника и оптика

Energiewirtschaft
Power economy
Energie
Energía
Энергетическое хозяйство

Fahrzeugbau · Gasmotoren
Vehicle construction · Engines
Construction de véhicules · Moteurs
Construcción de vehículos · Motores
Производство транспортных средств

Fertigung
Fabrication
Fabrication
Fabricación
Производство

Funktechnik · Astronomie
Radio engineering · Astronomy
Radiotechnique · Astronomie
Radiotécnica · Astronomía
Радиотехника и астрономия

Gaswirtschaft
Gas economy
Gaz
Gas
Газовое хозяйство

Holzbearbeitung
Wood working
Travail du bois
Trabajo de la madera
Деревообработка

Hüttenwesen · Werkstoffkunde
Metallurgy · Materials research
Métallurgie · Materiaux
Metalurgia · Materiales
Металлургия и материаловедение

Kunststoffe
Plastics
Plastiques
Plásticos
Пластмассы

Luftfahrt · Flugwissenschaft
Aeronautics · Aviation
Aéronautique · Aviation
Aeronáutica · Aviación
Авиация

Luftreinhaltung
Air-cleaning
Purification de l'air
Purificación del aire
Очищение воздуха

Maschinenbau
Machinery
Construction mécanique
Construcción de máquinas
Машиностроительство

Mathematik
Mathematics
Mathématiques
Mathemáticas
Математика

Medizin · Pharmakologie
Medicine · Pharmacology
Médecine · Pharmacologie
Medicina · Farmacología
Медицина и фармакология

NE-Metalle
Non-ferrous metal
Metal non ferreux
Metal no ferroso
Цветные металлы

Physik
Physics
Physique
Física
Физика

Rationalisierung
Rationalizing
Rationalisation
Racionalización
Рационализация

Schall · Ultraschall
Sound · Ultrasonics
Son · Ultra-son
Sonido · Ultrasónico
Звук и ультразвук

Schiffahrt
Navigation
Navigation
Navegación
Судоходство

Textilforschung
Textile research
Textiles
Textil
Вопросы текстильной промышленности

Turbinen
Turbines
Turbines
Turbinas
Турбины

Verkehr
Traffic
Trafic
Tráfico
Транспорт

Wirtschaftswissenschaften
Political economy
Economie politique
Ciencias económicas
Экономические науки

Einzelverzeichnis der Sachgruppen bitte anfordern

Westdeutscher Verlag · Köln und Opladen
567 Opladen/Rhld., Ophovener Straße 1–3, Postfach 1620

MIX
Papier aus verantwortungsvollen Quellen
Paper from responsible sources
FSC® C105338

If you have any concerns about our products,
you can contact us on
ProductSafety@springernature.com

In case Publisher is established outside the EU,
the EU authorized representative is:
**Springer Nature Customer Service Center GmbH
Europaplatz 3, 69115 Heidelberg, Germany**

Printed by Libri Plureos GmbH
in Hamburg, Germany